Marcel Sigrist

Hydraulik im Modellbau

Grundlagen für den Bau einer Modellhydraulik

Hydraulik im Modellbau

Grundlagen für den Bau einer Modellhydraulik

Marcel Sigrist

vth

Verlag für Technik und Handwerk neue Medien GmbH
Baden-Baden

vth - Fachbuch
Best.-Nr.: 3102278

Redaktion: Oliver Bothmann
Layout: Roman Blazhko

Bibliografische Information der Deutschen Nationalbibliothek:
Die Deutsche Nationalbibliothek verzeichnet diese Publikation
in der Deutschen Nationalbibliografie; detaillierte bibliografische
Daten sind im Internet über http://dnb.d-nb.de abrufbar.

ISBN 978-3-88180-492-9
1. unveränderte Auflage 2024 by Verlag für Technik und Handwerk neue Medien GmbH
Bertha-Benz-Straße 7A, 76532 Baden-Baden

Printed in Germany
Druck: Colordruck Solutions GmbH Leimen

Inhaltsverzeichnis

Vorwort

Eine eigene Hydraulik an seinem Modell – welcher Nutzfahrzeugmodellbauer träumt nicht davon? Die Technik und die Kräfte einer solchen Anlage begeistern und beeindrucken gleichermaßen.

Man schaut fasziniert, was bei den Originalen, unseren Vorbildern, für ausgeklügelte Funktionen realisierbar sind und genau so möchte man es auch in unseren Modellen umsetzen. Aber: Wie genau funktioniert denn das?

Wenn man in der Literatur nachschaut, wird zwar vieles beschrieben und gezeigt, aber zum Nachbau gibt es meistens nur spärliche Hinweise – oder sie sind so komplex, dass es für Laien nicht zu verstehen ist. Wenn man bei den Herstellern nachfragt, erfährt man meistens, dass es sich um Betriebsgeheimnisse handle, und daher keine technischen Unterlagen herausgegeben werden dürften. Somit muss man sich anderweitig Informationen beschaffen, aber wo? Fachkundige Tipps, bekommt man oft bei anderen Modellbauern oder auf den großen Modellbaumessen. Kaum zu Hause, macht sich die Unsicherheit wieder breit: Wie war's doch wieder?

Mit diesem Buch soll denjenigen geholfen werden, die mit Modellhydraulik noch nicht allzu viel zu tun hatten. Es wird aufgezeigt, wie auch mit wenigen Grundkenntnissen, eine eigene Modellhydraulik, gebaut werden kann, wenn auch nicht auf dem höchsten Stand der Technik, aber für uns Modellbauer durchaus ausreichend.

Viele gezeigte Daten wie auch Baupläne, entstanden in eigener Regie. Diese einfach zu halten, war die Absicht – nicht auf das maximal Mögliche und Machbare einzugehen. Aus den Erfahrungen, die ich über die Jahre zusammengetragen habe, entstand dieses Buch.

Besten Dank an Werner Stegmair, dass er die Dokumentation seiner genialen Konstruktion einer Fördermengenregulierung, zur Verfügung gestellt hat.

Und an Dr. med. Ulf Bersch, der mit seinem kritischen fachlichen Blick das Lektorat und Korrektorat durchgeführt hat.

Gutes Gelingen für die selbst erbaute Modellhydraulik!

Marcel Sigrist

1. Einsatzmöglichkeiten einer Modellhydraulik

Was kann man alles mit einer Hydraulik antreiben oder bewegen? Einfach gesagt: fast alles. Grenzen gibt es nur in der Umsetzung, da eventuell die Erfahrung, der Maschinenpark oder das nötige Wissen fehlen. Die Bilder hier zeigen eine kleine Auswahl an Modellen, die mit einer Hydraulik ausgestattet wurden.

Man erkennt auf den ersten Blick, dass viele Modelle ohne Hydraulik gar nicht, oder nur mit großem Aufwand zu realisieren gewesen wären.

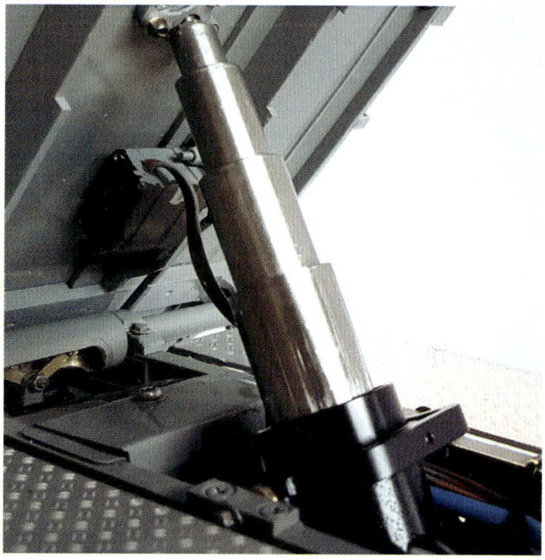

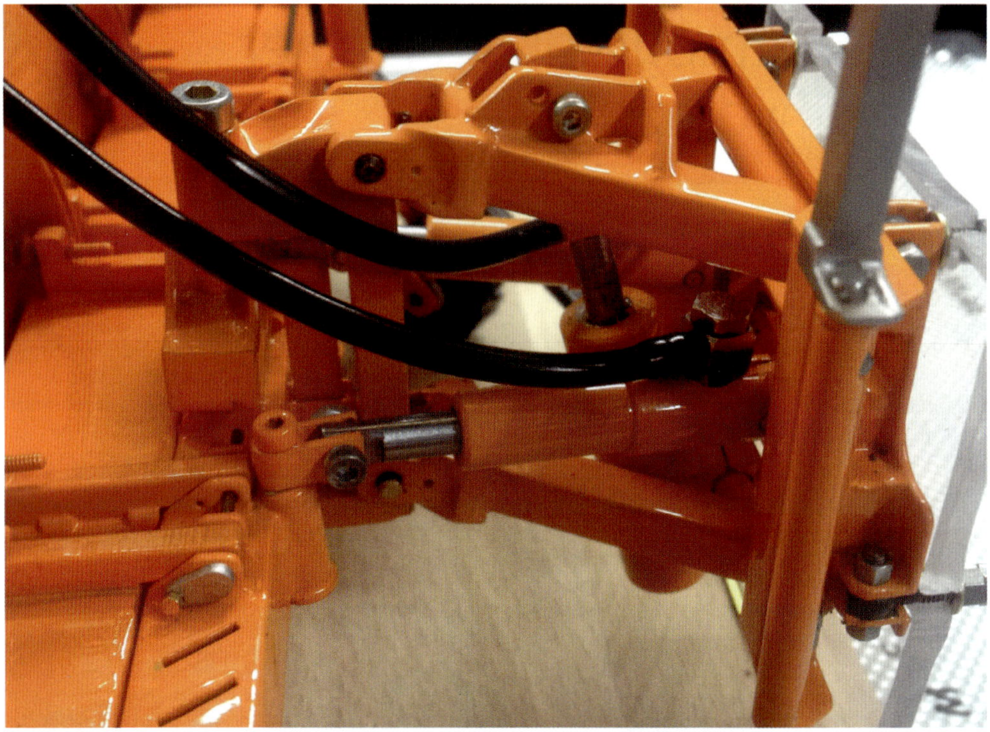

MAN
42-602
OW 1647

2. Funktionsweise einer Hydraulik

2.1 Was ist eine Hydraulik?

Beeindruckend ist die Kraft, die eine Hydraulik entwickelt und ihre vielfältigen Einsatzmöglichkeiten. Aber wie funktioniert denn diese Technik?

Man kann sie wie ein Getriebe sehen, einfach ohne Zahnräder. Sie wird dafür eingesetzt, Leistung und Kraft von einer Arbeitsmaschine (hier die Pumpe) zu einer Kraftmaschine (Zylinder oder Hydraulikmotor) zu übertragen. Bei der Hydraulik erfolgt die Kraftübertragung mittels einer Flüssigkeit und nicht wie bei einem Getriebe durch Zahnräder, Wellen, Ketten, Riemen oder Stahlseile. Der große Vorteil zeichnet sich schon ab: Durch Schläuche und Rohre können bauliche Hindernisse besser umgangen werden, die sonst Probleme darstellten. Man zieht einfach eine Leitung von A nach B, und die Kraft kann sich am Arbeitsort entfalten.

Die übertragene Leistung ergibt sich aus Druck und Volumenstrom. Ein Elektromotor treibt die Hydraulikpumpe an, welche die elektrische Leistung in hydraulische umwandelt. Über die Rohrleitung wird diese dann zu den Verbrauchern geführt, wo sie in mechanische Leistung zurückgewandelt wird. Dies kann in einem Zylinder zu einer linearen Bewegung führen oder auch in einem Hydromotor zu einer Rotation.

Es ist wichtig, die Wirkung von Druck und Volumenstrom zu kennen. Für die Kraft ist der Druck (P) entscheidend, aber für die Geschwindigkeit einer Aktion ausschließlich der Volumenstrom. Daraus kann man ableiten, dass eine zu enge Leitung nicht die Kraft mindert, sondern nur die Geschwindigkeit einer Bewegung.

Ein ganz großer Vorteil der Hydraulik ist die Dosierbarkeit ihrer Leistung. Durch Einstellung des Drucks wird die Obergrenze der Belastung definiert. Somit kann eine Überbelastung des gesamten Systems vermieden werden.

Man muss sich bewusst sein, welche Kräfte wirken, wenn man den Druck von z.B. 15 bar auf 20 bar erhöht. Dadurch erhöht sich auch die erforderliche Leistung von Pumpe und Pumpenmotor. In den meisten Fällen reicht ein niedriger Druck völlig aus. Die Haltbarkeit der Modelle, wird dadurch erheblich gesteigert.

Wie aber schon erwähnt, kann die Mechanik nur so weit belastet werden, wie z.B. ein Zylinder Kraft aufbringt. Belastet man mehr, steht der Zylinder still und das Hydrauliköl fließt von der Pumpe, über das Druckbegrenzungsventil (DBV) zurück in den Tank.

Die Einstellung des DBV, definiert die Obergrenze dessen, was das gesamte System an Kraft aufbringt.

Damit ist das System mechanisch abgesichert. Aber die Leistung der Pumpe, die mit dem Öl über das DBV abgeleitet wird, erwärmt das Öl im Tank! Grundlegend passiert dabei noch nichts, wenn sich das in Grenzen hält. Über längere Zeit, kann sich das ganze System aber stark aufheizen – im Original weit über 100°C.

Im Modellbau sind hohe Öltemperaturen ein Problem. Die meisten Leitungen bestehen aus Kunststoff und vertragen Hitze nicht gut, sodass die Belastungsgrenze (Platzdruck) schnell erreicht wird.

Darum sind wir im Modellbau sehr bemüht, nicht unnötig Öl zu fördern, das wir nicht in eine Bewegung umsetzen können. Es macht keinen Sinn, Akkukapazität zu verbrauchen, um das Öl durch das DBV zu quetschen und erwärmt zurück in den Tank zu fördern.

2.2 Grundaufbau einer Hydraulik

Die hier angegebenen Ziffern bezeichnen die Bauteile in Schema 1.

Die Hydraulikpumpe wird durch einen Elektromotor angetrieben. Auf der einen Seite (T) ist die Saugleitung (9) angeschlossen, durch die das Öl aus dem Tank (5) angesaugt wird. Auf der anderen Seite (P) leitet die Druckleitung das Öl, zum Hydraulikventil (1).

Zur Sicherheit wird noch ein DBV (Druckbegrenzungsventil) eingebaut, an dem der Maximaldruck des Systems eingestellt werden kann (2). Wenn der Druck diesen Wert übersteigt, fließt das Öl über das DBV ab. Wird ein Ventil (3) betätigt, fällt der Druck im System ab, und das DBV schließt wieder, bis zum nächsten Anstieg auf den eingestellten Grenzwert. Wenn sich kein Ventil öffnet oder ein Zylinder an den Anschlag fährt, wird der Überdruck beim DBV abgelassen und das Öl über den Rücklauf (4+7) in den Tank (5) zurückgeleitet. Je länger kein Ventil (3) bewegt wird oder die Zylinder am Anschlag stehen, muss das Öl über das DBV abgeleitet werden, da die Pumpe unaufhörlich Öl liefert. Demzufolge heizt sich das Medium auf. Idealerweise muss die Pumpe nur laufen, wenn auch wirklich Öl gebraucht wird. Dies kann über eine spezielle Ansteuerung der Pumpe erreicht werden, die im späteren Verlauf noch ausführlich beschrieben wird. Es ist wichtig in die Rücklaufleitung, in der das gebrauchte Medium in den Tank zurückfließt, einen Filter (6) einzubauen, damit keine Verunreinigungen in den Tank gelangen, die das System beim Betrieb wieder aufnimmt. Die Pumpe, wie auch die Ventile dürfen nur mit sauberem Öl betrieben werden. Zusätzlich wird das Tauchrohr (11) der Ansaugleitung etwas über dem Boden eingebaut, sodass kein Bodensatz angesaugt wird. Zur Kontrolle des Ölstands im Tank, sollte man eine Füllstandsanzeige (10) installieren, sodass man die Öl-Menge immer im Blick hat. Denn wenn die Pumpe Luft ansaugt und ins System pumpt, ist diese schlecht wieder aus allen Leitungen heraus zu bekommen. Aber auch die Pumpe selbst kann Schaden nehmen, wenn sie trockenläuft.

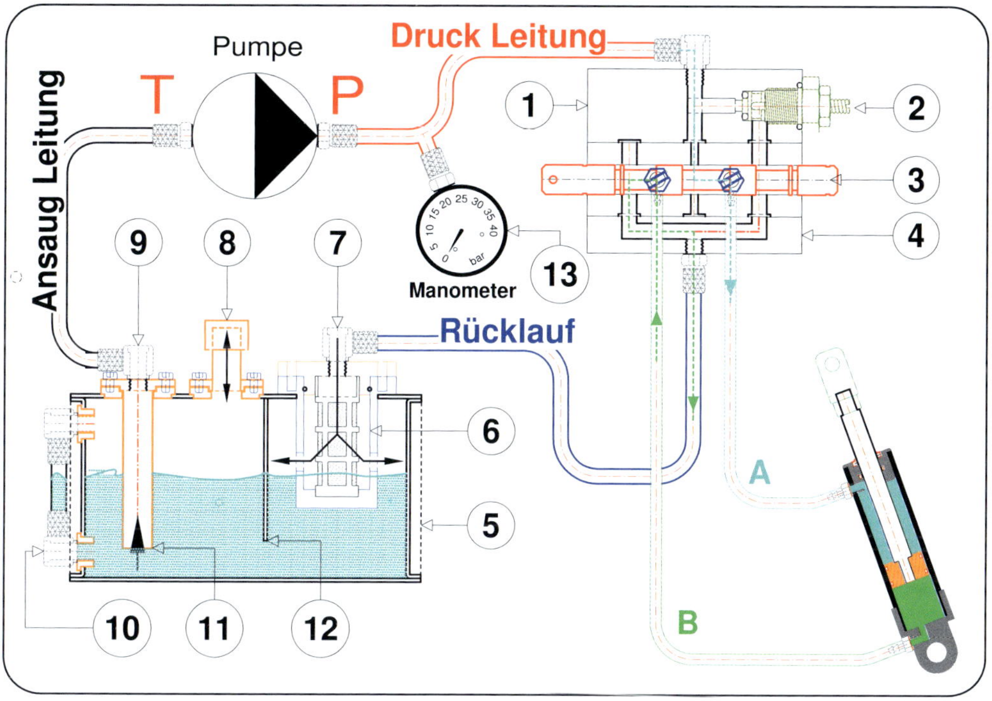

Schema 1: Aufbau einer Hydraulikanlage

Nr. 1 Anfangsplatte
Nr. 2 Druckbegrenzungsventil (DBV)
Nr. 3 Hydraulikventil (Schieberventil)
Nr. 4 Endplatte
Nr. 5 Öl-Tank
Nr. 6 Öl-Rücklauf-Filter
Nr. 7 Rücklaufleitung des Systems
Nr. 8 Einfüllstutzen und Belüftung/Entlüftung
Nr. 9 Anschluss Saugleitung zur Pumpe
Nr. 10 Ölstands-Anzeige
Nr. 11 Tauchrohr Ansaugleitung
Nr. 12 Schottwand zur Beruhigung des Öls
Nr. 13 Manometer zum Ablesen des Drucks

2.3 Beispiele für aufgebaute Modell-Hydraulikeinheiten

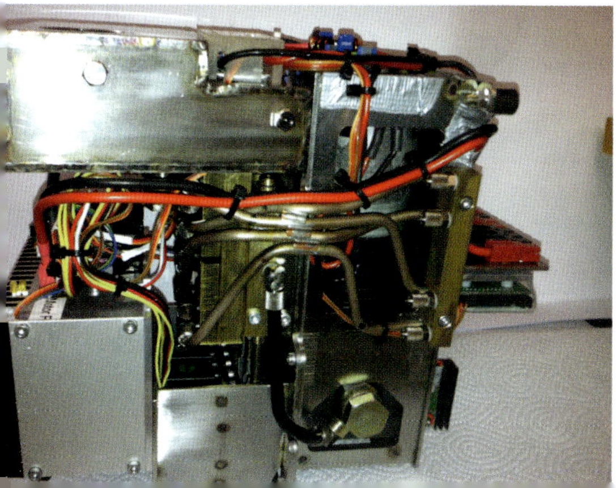

Abbildung 2: Hydraulikeinheit eines MAN-LKW mit Abrollaufbau

◂ Abbildung 1: Hydraulikeinheit einer CAT-983b-Raupe

2.4 Anschluss Schema einer Fernsteuerung

Im Schema 2 wird gezeigt, welche Komponenten benötigt werden, um eine Modellhydraulik anzusteuern. Grundlegend vorausgesetzt, dass die Handhabung einer Fernsteueranlage (RC) vertraut ist.

Über jeweils einen Kanal wird ein Servo, ein Hydraulikventil angesteuert. Über einen weiteren Kanal, bedient man den Regler, der die Motor-Pumpen-Kombination regelt. Wir unterscheiden drei Arten von Regelungen. Erstens, die permanente Ölförderung, bei der ein Schiebe- oder Poti-Regler die Motordrehzahl auf einer fest eingestellten Drehzahl hält.

Die elegantere zweite Möglichkeit ist dies über die Mischfunktionen zu realisieren. Dies setzt aber eine programmierbare RC-Steuerung voraus.

Als dritte – und Rolls-Royce-Lösung – gibt es die automatische Mengenregulierung, wie sie Werner Stegmair, ganz am Schluss dieses Buches dokumentiert.

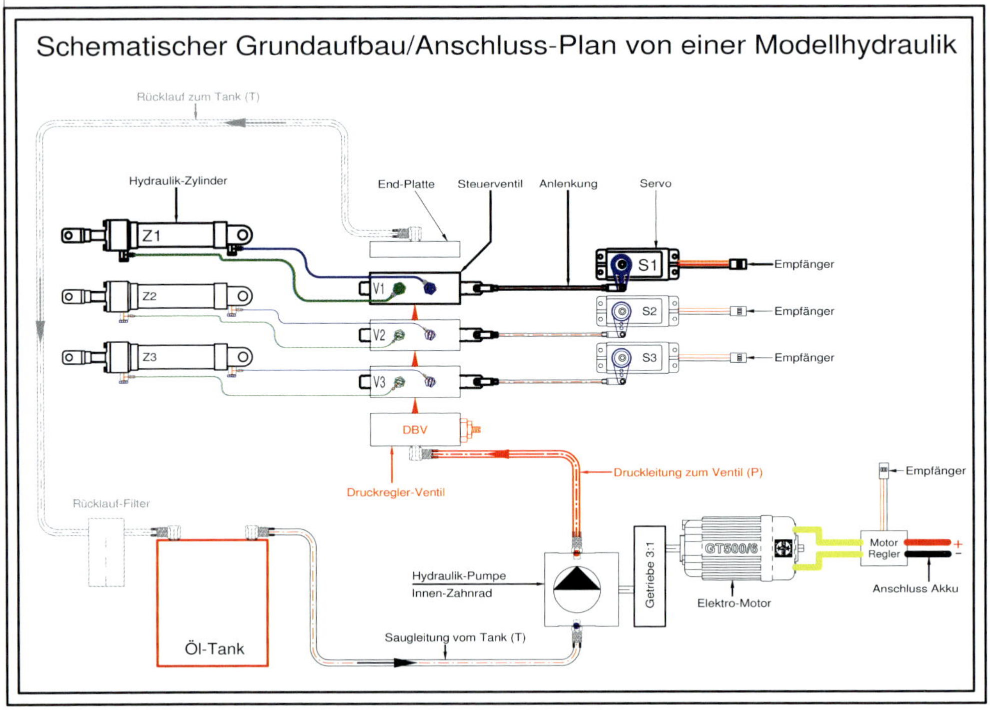

Schema 2: Grundaufbau der RC-Ansteuerung einer Modell-Hydraulik

3. Erste Schritte

3.1 Grundlagen der Berechnung

Als Erstes muss der Maßstab bestimmt werden, in dem das Modell entstehen soll. Es ist nicht so, dass ein Modell, das doppelt so groß wird, auch nur die doppelte Kraft der Hydraulik erfordert. Bei den Abmessungen werden die Originalmaße, einfach um den gewünschten Faktor verkleinert oder vergrößert – bei den Kräften, geht das nicht mehr.

Wie zum Beispiel bei einem 40-t-LKW. Wenn man den in 1:16 bauen möchte und das Gewicht nur 16-mal kleiner rechnet, käme er auf 2,5 t im Modell. Da erkennt der Modellbauer gleich, dass das nicht stimmen kann. Das Gewicht und die Abmessungen müssen mit unterschiedlichen Faktoren verkleinert werden.

Ist es in jedem Fall wichtig, das Gewicht eines Modells zu berechnen? Nicht wirklich, wenn es sich z.B. nur um einen LKW handelt. Baut man aber ein Modell mit Hydraulik, z.B. einen Kran, dann wird es relevant, die Gewichtsverhältnisse zu berechnen.

Die nachstehende Tabelle 1, soll aufzeigen, welche Gewichtsunterschiede eine Veränderung des Maßstabs zur Folge hat. Den stärksten Unterschied findet man zwischen dem Maßstab 1:16 und dem doppelt so großen 1:8.

Die Abmessungen verdoppeln sich, wie bereits erörtert, aber das Gewicht erhöht sich um ein Mehrfaches. Diese Erkenntnis zeigt uns, welche enorm unterschiedlichen Kräfte bei der Berechnung einer Hydraulik in Modellen verschiedener Maßstäbe zu berücksichtigen sind.

Diese Tabelle vereinfacht die Sache etwas, wenn es um die Umrechnung vom Original zum Modellmaßstab geht.

Originalmasse auf das Modell umrechnen			
Manuel von Hand		Im CAD / PC	
Massstab Modell	Original Mass	Original Zeichnung	runter skalieren
1:16	Länge : 16	1:1	Faktor 0,06250
1:14.5	Länge : 14.5	1:1	Faktor 0,06896
1:12	Länge : 12	1:1	Faktor 0,08333
1:10	Länge : 10	1:1	Faktor 0,1
1:8	Länge : 8	1:1	Faktor 0,125
Originalgewicht auf das Modell umrechnen			
Massstab Modell	Faktor	Original Gewicht	Theoretisches Modell Gewicht
1:16	16 x 16 x 16 = 4096	LKW 40.000 kg	9,76 kg
1:14,5	14,5x14,5x14,5 = 3048	LKW 40.000 kg	13,12 kg
1:12	12 x 12 x 12 = 1728	LKW 40.000 kg	23,15 kg
1:10	10 x 10 x 10 = 1000	LKW 40.000 kg	40,00 kg
1:8	8 x 8 x 8 = 512	LKW 40.000 kg	78,12 kg

Tabelle 1: Umrechnung von Original- auf Modelldaten

3.2 Einheiten umrechnen

In der folgenden Tabelle 2 kann man nachschauen, wenn Maße oder Einheiten anzupassen sind. Viele Daten von Herstellern sind in unterschiedlichen Einheiten angegeben, z.B. bei Pumpen: $cm^3/U/min$. Die Umrechnung in SI-Einheiten erleichtert Berechnungen und macht Werte vergleichbar.

SI - Einheiten für die Berechnung												
Länge												
	1	m	=	10	dm	=	100	cm	=	1000	mm	
	1	mm	=	0,1	cm	=	0,01	dm	=	0,001	m	
Fläche												
	1	m^2	=	100	dm^2	=	10000	cm^2	=	1000000	mm^2	
	1	mm^2	=	0,01	cm^2	=	0,0001	dm^2	=	0,000001	m^2	
Volumen												
	1	m^3	=	1000	dm^3	=	1000000	cm^3	=	1000000000	mm^3	
	1	mm^3	=	0,001	cm^3	=	0,000001	dm^3 = lt	=	0,000000001	m^3	
	1	lt = dm^3	=	10	dl	=	1000	cm^3	=	1000000	mm^3	
Druck												
	1	bar	=	1	N/mm^2	=	0,102	kg/mm2	=	10,2	kg/cm^2	
Masse												
	1	t	=	1000	kg	=	1000000	g				
	1	g	=	0,0001	kg	=	0,000001	t				
	100	N	=	9,81	kg							
	10	N	=	0,981	kg							
	1	N	=	0,0981	kg							

Tabelle 2: SI-Einheiten-Tabelle

3.3 Flächen berechnen

Hier wird kurz beschrieben, wie man eine Standardfläche berechnet. Natürlich sind hier nicht alle möglichen Varianten aufgezeigt, aber mit diesen wenigen Formeln, wird man etwa 90% der Berechnungen abdecken können.

	Umfang	Fläche	Formelsammlung
Rechtwinkliges Dreieck 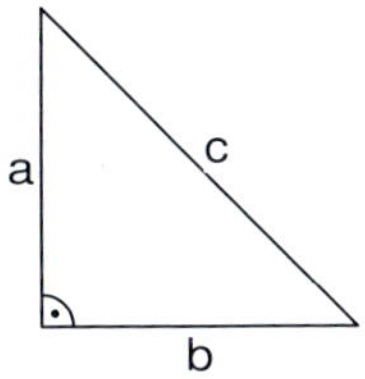 	$u = a + b + c$	$A = \frac{a \cdot b}{2}$	$c = \sqrt{a^2 + b^2}$ $a^2 + b^2 = c^2$
Quadrat 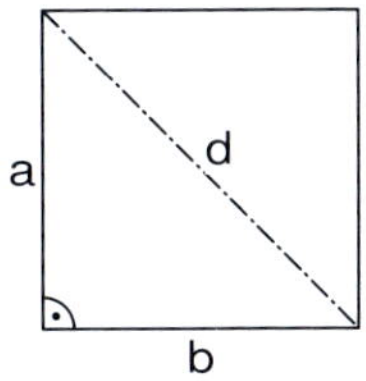 	$u = (a + b) \times 2$	$A = a \cdot b$	$d = \sqrt{a^2 + b^2}$
Kreis 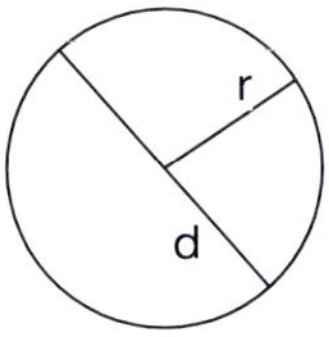 	$u = 2 \cdot r \cdot \pi$	$A = r^2 \cdot \pi$ $A = \frac{d^2 \cdot \pi}{4}$	
Kreisring 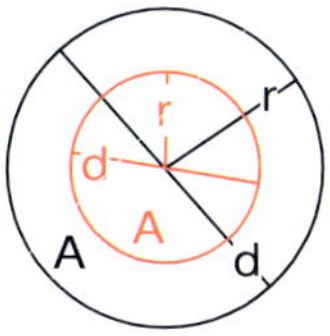 	$u = 2 \cdot r \cdot \pi$ $u = 2 \cdot r \cdot \pi$	$A = r^2 \cdot \pi$ $A = \frac{d^2 \cdot \pi}{4}$ $A = r^2 \cdot \pi$ $A = \frac{d^2 \cdot \pi}{4}$	Ringfläche $A_R = A - A$

Tabelle 3: Flächen berechnen

3.4 Volumen berechnen

Auch bei den Volumina hier nur das Nötigste und Einfachste. In den allermeisten Situationen reichen diese Formeln aus.

Volumen Keil	Volumen	Fläche	Formelsammlung
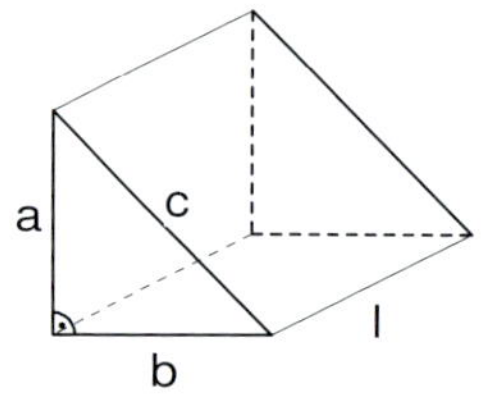	$V = \frac{a \cdot b \cdot l}{2}$	$A = \frac{a \cdot b}{2}$	$c = \sqrt{a^2 + b^2}$ $a^2 + b^2 = c^2$
Quadrat 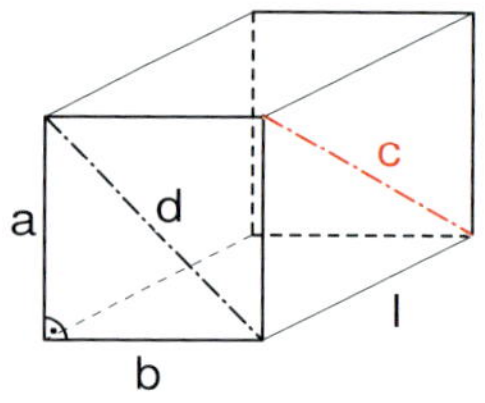	$V = a \cdot b \cdot l$	$A = a \cdot b$ $A = a \cdot l$ $A = l \cdot b$	$d = \sqrt{a^2 + b^2}$ $c = \sqrt{a^2 + l^2}$
Volumen Zylinder 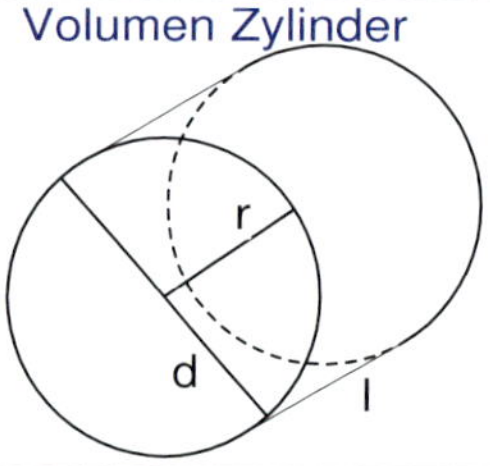	$A = r^2 \cdot \pi \cdot l$ $A = \frac{d^2 \cdot \pi \cdot l}{4}$	$A = r^2 \cdot \pi$ $A = \frac{d^2 \cdot \pi}{4}$	
Volumen Rohr 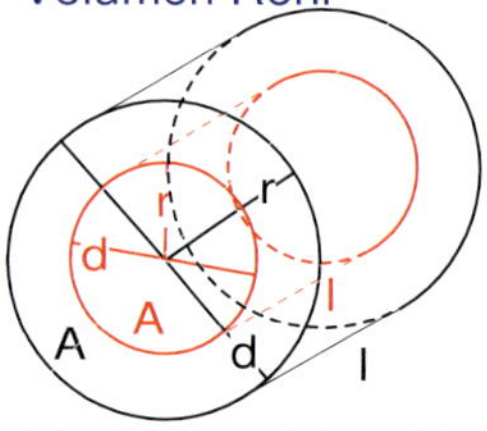	$V = r^2 \cdot \pi \cdot l$ $V = \frac{d^2 \cdot \pi \cdot l}{4}$ $V = r^2 \cdot \pi \cdot l$ $V = \frac{d^2 \cdot \pi \cdot l}{4}$	$A = r^2 \cdot \pi$ $A = \frac{d^2 \cdot \pi}{4}$ $A = r^2 \cdot \pi$ $A = \frac{d^2 \cdot \pi}{4}$	Volumen Ringfläche $V_R = V - V$

Tabelle 4: Volumen berechnen

3.5 Hebel berechnen

Um einen Hydraulikzylinder zu dimensionieren, kommt man um das Hebelgesetz nicht herum. Reibwerte und andere Faktoren sind dabei nicht berücksichtigt.

Erklärung:
L1 = Kraftarm L2 = Lastarm
F1 = Kraft F2 = Last

Tabelle 5: Hebel berechnen

$$F1 \times L1 = F2 \times L2$$

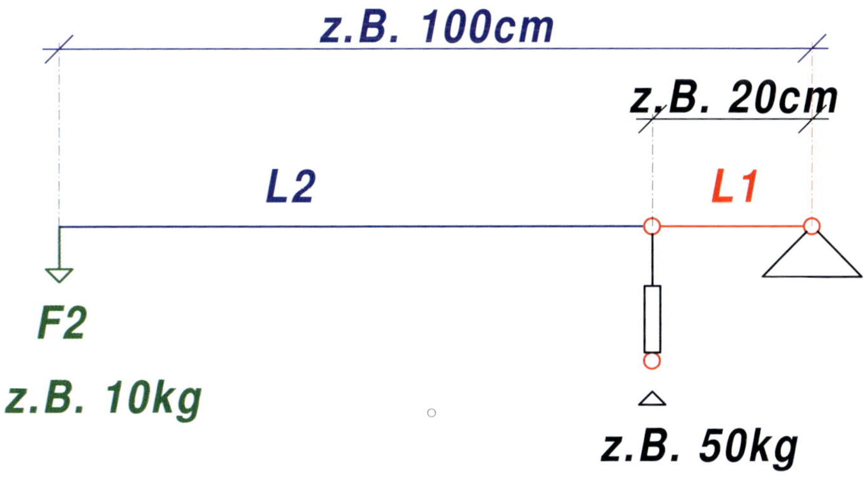

$F1 = \dfrac{F2 \times L2}{L1}$	$L1 = \dfrac{F2 \times L2}{F1}$
$F2 = \dfrac{F1 \times L1}{L2}$	$L2 = \dfrac{F1 \times L1}{F2}$

3.6 Kräfte berechnen

Kraft Formel			
Gewichtskraft $F = F_G = m \cdot g$	$m = \dfrac{F}{g}$	$g = \dfrac{F}{m}$	g = Gravitation 9.81 N/kg F = Kraft N F_G = Erdanziehung N m = Masse in kg
Druck in Flüssigkeiten $p = \dfrac{F}{A}$	$F = p \cdot A$	$A = \dfrac{F}{p}$	p = Druck N/mm² F = Druckkraft N A = Fläche in mm²
Zwei Kräfte zueinander 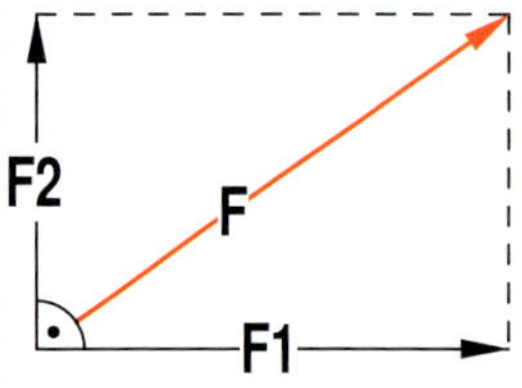	$F = \sqrt{F1^2 + F2^2}$		
Zwei Kräfte zueinander 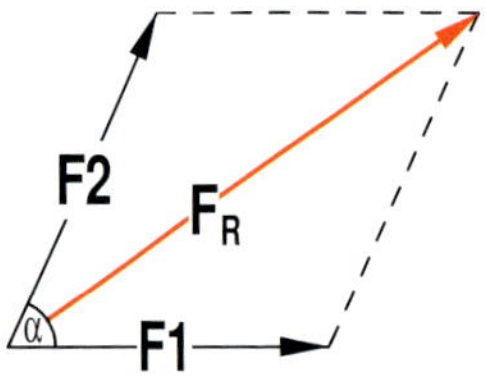	$F_R = \sqrt{F1^2 + F2^2 + (2 \cdot F1 \cdot F2 \cdot \cos \cdot \alpha)}$		

Tabelle 6: Kraft berechnen

3.7 Leitungen dimensionieren

Hier soll in einfachen Schritten beschrieben werden, wie man mittels der Fließgeschwindigkeiten den optimalen Querschnitt von Hydraulikleitungen berechnen kann.

Beispiel: Ein Zylinder mit einem Volumen von 0,1 l soll in 10 s ausgefahren sein.

Wie groß muss der Querschnitt der Leitung mindestens sein?

Q = 0,1 l/10 s = 0,01 l/s×60 s = 0,6 l/min

Dieser Volumenstrom (Q) soll durch die Leitung.

d = √(0,6 l/s:2,5 m/s×21,2) = 2,25 mm Innendurchmesser der Leitung.

Dimensionieren von Rohre / Leitungen	
Leitungs- Durchmesser (P) $d = \sqrt{\frac{Q}{\dot{V}} \cdot 21{,}2}$	Fliess- Geschwindigkeit (P) $\dot{V} \quad \sqrt{\frac{Q}{d^2} \cdot 21{,}2}$
Fördermenge (P) $Q \quad \frac{d \cdot V}{21{,}2}$	d = Nennweite Rohr in mm $\dot{V}$ = Fliessgeschwindigkeit in m/s Q = Fördermenge in lt / min 21.1 = Berechnungs- Faktor
Richtwerte für Fliessgeschwindigkeiten	
Ansaugleitung vom Tank	0,6 bis 1,3 m/s
Druck- Leitung	2,5 bis 6,0 m/s
Rücklauf- Leitung zum Tank	1,7 bis 4,5 m/s

Tabelle 7: Leitungen dimensionieren

3.8 Druck und Kraft einfach berechnen

Dies ist ein wichtiger Schritt um die Größe von Druckzylindern zu bestimmen. Es geht dabei nicht darum, eine Berechnung nach Industriestandard durchzuführen, sondern Näherungswerte zu erhalten, die eine verlässliche Funktion garantieren.

Wie viel Kraft muss beispielsweise ein Zylinder aufbringen, wenn ein Kran 1 kg mit einen Ausleger von 1 m heben können soll. Mittels der Tabelle 8 und der Tabelle 4, ist es möglich einen verlässlichen Wert zu bekommen.

Mit Formeln und Tabellen, die auf den letzten Seiten gezeigt wurden, sind wir nun soweit, dass wir uns an einen Selbstbau heranwagen können.

Kraft von Hydraulik- Zylinder einfach berechnen	
Kolbenfläche $A = \frac{d^2 \cdot \pi}{4}$	Kolbenfläche Stangenseite $A_2 = \frac{d^2 \cdot \pi}{4} - \frac{d_2^2 \cdot \pi}{4}$
Druckkraft Kolbenseite $\frac{A \cdot bar \cdot 0{,}1 N/mm^2}{9{,}81\ m/s^2}$	Druckkraft Stangenseite 2 $\frac{A_2 \cdot bar \cdot 0{,}1 N/mm^2}{9{,}81\ m/s^2}$
A = Kolbenfläche in mm^2 A_2= Kolbenfläche Stangenseite in mm^2 d = Kolben Durchmesser in mm π= 3,14 g = Gravitation 9,81 m/s^2	d = Stangen Durchmesser in mm 0,1N/mm^2= 1 bar F = Druckkraft Kolbenseite F_2= Zugkraft Stangenseite
Beispiel: Kolben 10mm Durchmesser bei 10 bar Druck $\frac{10\ mm\ \ 10\ mm \cdot \pi}{4} \cdot 10\ bar \cdot 0.1\ N/mm^2 = 78.5\ N\ :\ 9.81\ m/s^2 = 8.0\ kg$	

Tabelle 8: Druck und Kraft berechnen

4. Selbstbau oder Kauf?

4.1 Was spricht für den Kauf?

Mittlerweile gibt es sehr viele Modellhersteller, die auf einem hohen Standard hochwertige Modelle anbieten. Es sind jedoch fast alles nur noch Fertigmodelle und nur vereinzelt gibt es sie noch als Bausätze. Bei der Hydraulik ist das Angebot überschaubar, da es nur eine kleine Anzahl an Firmen gibt, die diese Produkte anbieten. Diese haben jedoch einen hohen Qualitätsstandard.

Vorteile

Ein großer Vorteil bei solch einem fertig konfektionierten aber hochpreisigen Produkt ist, dass es sofort funktionsfähig und einsatzbereit ist. Auch ist der Herstellerservice bei Funktionsstörungen und die Versorgung mit Ersatzteilen zu berücksichtigen. Ein wichtiger Punkt bei kompletten Systemen „von der Stange“ ist die zuverlässige Funktion und das alle Komponenten aufeinander abgestimmt sind.

Nachteile

Problematisch kann der Einbau fertiger Hydraulikanlagen in Eigenkonstruktionen sein. Halten die Bauteile der Belastung stand? Haben sie genügend Kraft? Entspricht der zeitliche Ablauf der Bewegung der Erwartung? Hat die Pumpe genügend Förderleistung? Eigenschaften, die man bei einem Eigenbau der Anlage erarbeiten muss, aber auch selbst bestimmen kann. Vielfach muss man das Modell um die Fertigbauteile herum bauen, da die Hersteller ihre festen Baumaße haben, und selten nach Kundenwunsch fertigen. Und wenn doch, spiegelt es sich im erhöhten Preis wider. Oder man geht unschöne Kompromisse ein und macht es „passend“.

4.2 Was spricht für den Selbstbau?

Letztlich bleibt nur der Eigenbau, wenn man bei gewissen baulichen Maßnahmen keine Kompromisse eingehen will. Beim Eigenbau einer Hydraulik ist man in der Konstruktion des Modells viel freier.

Vorteile

Man muss nicht um die Komponenten der Hydraulik herumbauen.
Die Wahl des Materials kann freier gestaltet werden.
Einbaumaße können bedarfsgerecht angepasst werden.
Leistungen können frei ausgelegt werden, ohne große Kompromisse.
Die Art der Konstruktion kann angepasst gewählt werden.

Nachteile

- Die gesamte Auslegung der Anlage muss der Erbauer selbst erarbeiten.

Die Konstruktion der Komponenten mit ihren Toleranzen muss selbst berechnet werden.
Die Materialbeschaffung ist eine aufwendige Angelegenheit.
Vielfach kann man keine Kleinmengen ordern.
Die Werkstattausrüstung muss auf einem gewissen Stand sein, um die Teile selbst fertigen zu können.
Eigenbau heißt nicht gleich billiger, denn die Investitionen in den Maschinenpark sind nicht unerheblich.

4.3 Kann man mischen?

Es kann sicher eine Alternative sein, einige Teile fertig zu kaufen, wenn sie nicht selbst herzustellen sind und es beim Machbaren selbst zu versuchen. Ein Zylinder bleibt zwar ein Zylinder, egal ob er zugekauft oder selbst hergestellt wurde, aber es gibt keine Garantien, wenn nicht alles vom selben Hersteller erworben wurde. Klassisches Beispiel: das Hydraulik-Öl.

Vorteile

Ich kann den Hersteller auswählen, der z.B. die Pumpe liefert, die meinen gewünschten Daten am besten entspricht.
Auch bei den vielen Anschlüssen wählt man frei, welches Produkt schlussendlich zum Einsatz kommt.
Bei den Druckleitungen bieten verschiedene Lieferanten Produkte mit den unterschiedlichsten Druckbelastungen. Die Drucktoleranz reicht von nur 10 bar bis hin zu 120 bar.
Bei den Ventilen ist die Produktepalette groß und reicht von Schiebeventilen bis hin zu Drehschieberventilen. Die Wahl erfolgt je nach Platzverhältnissen und gewünschter Funktion, oder der Bau wird zuletzt selber versucht.

Nachteile

Beim Mischen von Produkten verschiedener Anbieter, entstehen im Wesentlichen keine Probleme, vorausgesetzt man weiß genau, was man braucht, sodass der Lieferant korrekte Angaben bekommt.
Wichtig ist es, die Drucktoleranzen unterschiedlicher Produkte der einzelnen Hersteller zu kennen.
Garantien können Hersteller nur gewähren, wen ihr Produkt bestimmungskonform verbaut wurde.

Darum sind im Moment viele Modelle nur fertig aufgebaut zu beziehen. So können die Hersteller alles aufeinander abstimmen, und mit Garantien vertreiben. Der Eigenbau, kann gegebenenfalls auch Lehrgeld kosten, was aber nicht davor abschrecken sollte, es einmal selbst zu probieren.

5. Komponenten einer Hydraulik

5.1 Pumpen

5.1.1 Pumpenfunktion schematisch

Es gibt viele Arten von Hydraulikpumpen. Im Modellbau hat sich die Zahnradpumpe durchgesetzt, entweder als Innen- oder Außenzahnradpumpe.

Namhafte Hersteller wie Damitz Modelltechnik oder Leimbach Modellbau setzen auf die bewährte Bauart, der Außenzahnradpumpe.

Die Firma Jung Fluid aus Ettlingen, vertreibt dagegen die Innenzahnradpumpe. Diese Pumpe kommt hauptsächlich in der Industrie zur Anwendung. Da sie in vielen Handmaschinen eingesetzt wird, hat sie auch eine ideale Größe, um im Modellbau verbaut zu werden.

Mein persönlicher Favorit ist die Pumpe von Jung Fluid. Mit einer Größe von nur 35×35 mm, ist sie sehr klein und kann daher vielfältig eingesetzt werden. Wohlgemerkt, mein bevorzugter Maßstab ist 1:8 und daher habe ich in meinen Modellen sicherlich auch etwas mehr Platz für solch eine Pumpe. In kleineren Modellen sind jedoch nicht so hohe Drücke erforderlich, wodurch auch Pumpen anderer Hersteller eingesetzt werden können.

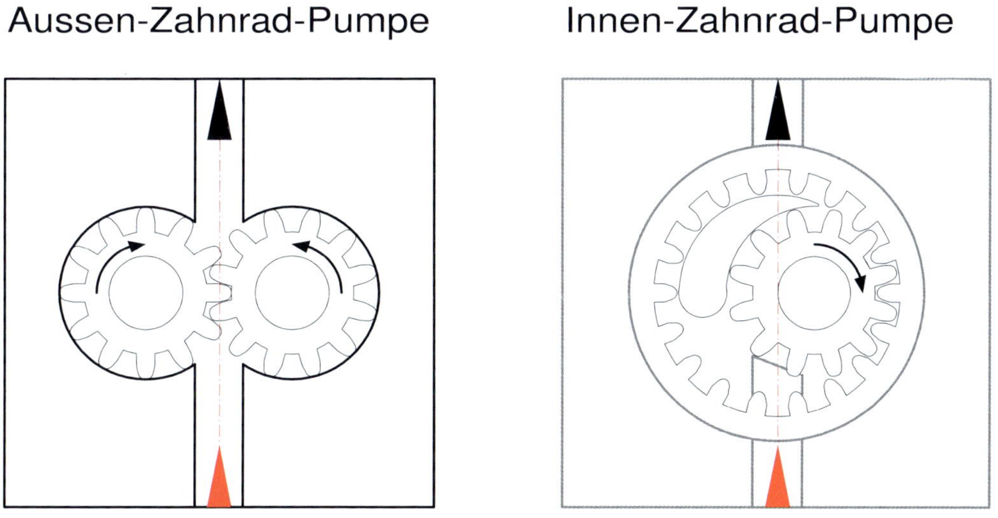

Schema 3: Zahnrad-Pumpen

5.1.2 Pumpeneinheit

Hier zeige ich, wie eine Pumpeneinheit (Pumpe mit Antriebsmotor) ausschaut. In dieser Form werden sie in meinen Modellen verbaut.

Antrieb ist ein bürstenloser Motor, da dieser bei relativ kleiner Bauart eine enorme Kraft entfaltet. Für ein leichteres Anlaufen des Motors unter Belastung (und zur Erhöhung des Drehmoments) besteht noch eine Untersetzung von 3:1.

Bei dieser Kombination baut die Pumpeneinheit 50 bar Druck auf und fördert etwa 1,2 l/min. Also genügend für Modelle von 1:8 und natürlich auch kleinere.

Es gibt noch weitere Arten von Pumpen, die aber im Modellbau praktisch keine Rolle spielen.

Lediglich zum Antrieb einer hydraulischen Lenkung kommt eine Reversierpumpe zum Einsatz. Das Spezielle an solch einer Lenkung sind die fehlenden Hydraulikventile. Die Ansteuerung erfolgt direkt über die Pumpeneinheit. Mittels Änderung der Drehrichtung des Motors und damit der Pumpe, wird der Lenkausschlag nach links oder rechts gesteuert. Ein wichtiger Vorteil dabei ist, dass keine Öltank benötigt wird. Der Hydraulikzylinder kann direkt mit der Pumpe verbunden werden. Die Reversierpumpe ist etwas größer, damit sie intern Volumenschwankungen ausgleichen kann.

Der wichtigste Vorteil aber besteht darin, dass mit nur einer Pumpe und einem Zylinder, eine kraftvolle hydraulische Lenkung gebaut werden kann. Die Steuerung erfolgt durch einen handelsüblichen Fahrtenregler, vorwärts/rückwärts. Der Eigenbau einer Hydraulikpumpe ist problematisch, da sie äußerst präzise gebaut werden muss, um einen guten Wirkungsgrad zu erzielen. Bei zu viel Leck-Öl kann, besonders bei niedriger Drehzahl, kein ausreichender Druck aufgebaut werden. Auch die Kosten würden die von kommerziellen Produkten übersteigen.

Abbildung 3: Jung-Fluid-Pumpe

Abbildung 5: Mini-Pumpen-Motor-Kombination

Abbildung 4: Standard-Pumpen-Motor-Kombination mit Jung-Fluid-Pumpe

Abbildung 6: Reversierpumpe

Abbildung 7: Reversierpumpe mit Motor und Getriebe

5.1.5 Hydrauliksystem mit offenem Umlauf und Zwischenplatten

Mit einer Zwischenplatte, die sich jeweils zwischen zwei Ventilen befindet, wird bei Betätigung des Ventils Öl in einen Zylinder gedrückt. Der Rücklauf vom betätigten Zylinder fließt jetzt nicht zurück in den Tank, sondern betätigt über die Zwischenplatte einen zweiten Zylinder. Diese Ölmenge ist begrenzt, da es sich nur um die Menge handelt, die der erste Zylinder in den Rücklauf ausstößt. Läuft der eine Zylinder auf Anschlag, kommt kein Öl mehr zum nächsten Zylinder. Darum sind nur bedingt mehrere Funktionen gleichzeitig möglich, die mit der jeweils gleichen Ölmenge durchzuführen sind.

5.1.6 Hydraulik-System mit geschlossenem Umlauf

Beim Drucksystem, bleibt das Ventilgehäuse das gleiche. Nur beim Ventilschieber, gibt es eine kleine Änderung: Die mittlere Bohrung durch die Stange entfällt und das Mittelstück, zwischen den Anschlüssen A + B, wird auf den gleichen Durchmesser, wie die anderen Aussparungen abgedreht.

Zeichnung 3: Geschlossener Umlauf

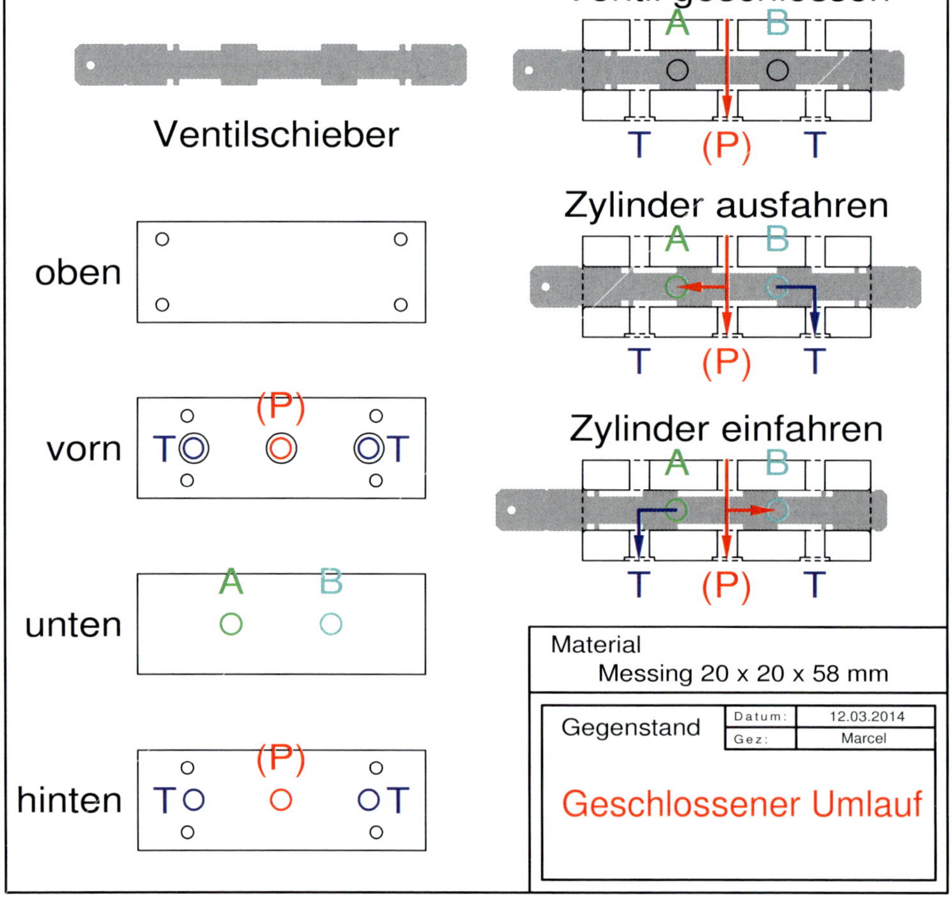

Somit kann das Druck-Öl von Ventil zu Ventil gelangen, auch wenn eine Ventilstange betätigt wird. Den zweiten wesentlichen Unterschied zu dem drucklosen Umlauf bildet der Verschlussdeckel der Ventilbank. Dort wird der Ausgang für das Druck-Öl verschlossen, sodass sich der Druck aufbauen kann, sobald die Pumpe anläuft. Im Betrieb wir das überschüssige Öl immer über das DBV abgeleitet.

Der große Vorteil, dieses Systems ist, dass alle Ventile parallel betrieben werden können. Somit sind Bewegungen, die man sich z.B. bei einem Modellbagger wünscht, realisierbar.

Die Pumpeneinheit läuft dabei jedoch meistens auf Volllast, da der erforderliche Öldruck ständig zur Verfügung stehen muss. Dies führt zu erhöhtem Stromverbrauch und kürzerer Akkulaufzeit. Aber auch die Öl-Temperatur steigt erheblich, da das Öl sehr oft über das DBV abgeleitet werden muss. Abhilfe schaffen da die neuzeitlichen RC-Steuerungen mit ihren ausgefeilten Programmierungsmöglichkeiten, die dafür sorgen, dass die Pumpe nur dann anläuft, wenn sich ein Ventil bewegt. Auch die Pumpendrehzahl wird auf den Bedarf abgestimmt.

Welches von den beiden Systemen als das Richtige erscheint, muss jeder selbst entscheiden. Beide haben ihre Vorzüge. Meist sind die einzelnen oder die kombinierten Funktionen eines Modells entscheidend für die Wahl. Besonders hat sich auch der Rat erfahrener Modellbauer bewährt. Mit den Zeichnungen 1 bis 3 ist der Unterschied der Ventilsteuerungen auf einfache Weise dargestellt. Auf genormte Symbole der Pumpen- und Ventiltechnik, habe ich dabei bewusst verzichtet.

5.1.7 Andere Ventilvarianten

Beispielsweise die Firmen Damitz, Premacon und Magom.hrc, bauen Drehschieberventile. Die Bezeichnung ist selbsterklärend. Durch die Drehung eines Tellers werden die unterschiedlichen Leitungen zu den Zylindern freigegeben oder gesperrt.

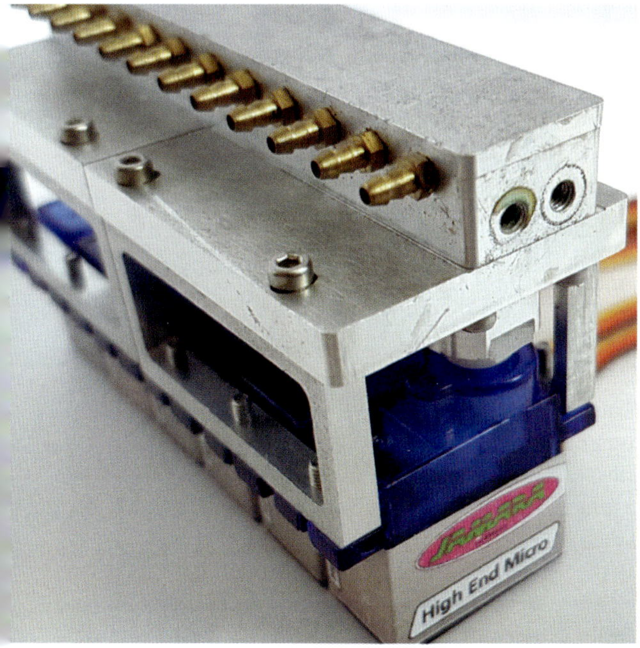

Abbildung 8: Ventilblock 6fach Magom hrc

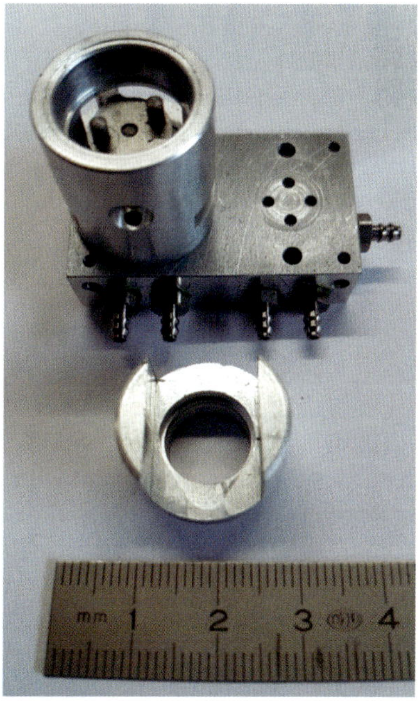

Abbildung 9: Ventil Damitz

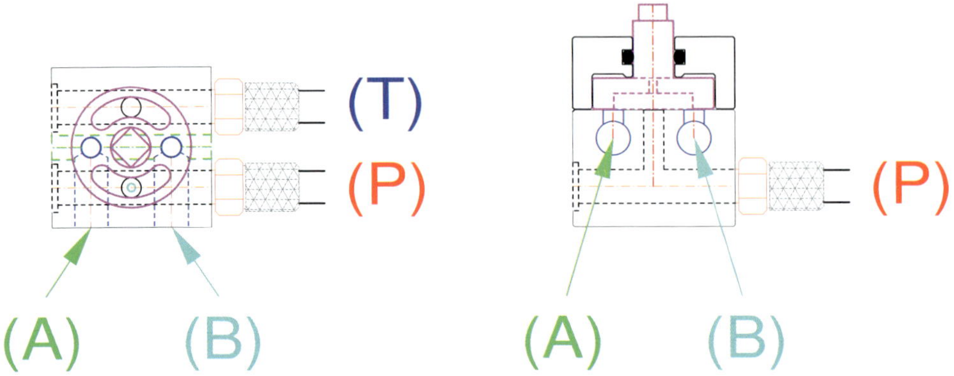

Zeichnung 4: Prinzipzeichnung Drehschieberventil

Abbildung 10: Dreier-Ventilblock

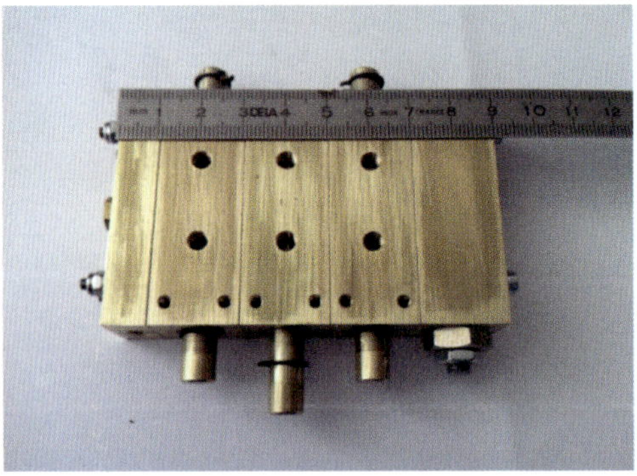

Abbildung 11: Dreier-Ventilblock liegend

Der große Vorteil dieser Ventile gegenüber dem Schiebeventil ist ihre geringere Baugröße. Die Breite ist weitgehend gleich, aber die Länge reduziert sich auf etwa ein Drittel. Bei diesem Ventiltyp ist eine besondere Präzision bei der Fertigung erforderlich, da es sonst zu innerer Leckage kommen kann, was in der Ruhestellung zum Druckverlust in den angeschlossenen Zylindern führen kann. Auch lassen sich die Ventile bei steigendem Druck im System immer schwerer drehen.

Die Firmen Veroma und Kampfer bauen Schieberventile, die mittels einer Schieberstange das Öl leiten. Meine bevorzugte Bauart von Hydraulikventilen, ist das Schieberventil. Die Abbildungen 10 und 11 zeigen einen Dreifachblock, aus eigener Fertigung.

Mit relativ einfachen Mitteln, kann man solche Ventile anfertigen. Natürlich, je präziser sie gebaut werden, desto geringer ist die innere Leckage.

Bildlich gesprochen senkt sich ein Kranarm bei geschlossenem Ventil weniger unter Last. Wenn es aber absolut dicht sein muss, kommt man um Sperrventile nicht herum. Alle Hydraulikventile werden nur metallisch dichtend gebaut, und benötigen deshalb für die Bewegung eine gewisse Toleranz. Bei zu geringen Spaltmassen klemmen die Ventile und die Bedienung ist eingeschränkt, oder gar unmöglich. Interessant ist, dass man bei der Herstellung von Schieberventilen deren Ansprechverhalten durch die Gestaltung der Steuerkanten beeinflussen kann, wie später

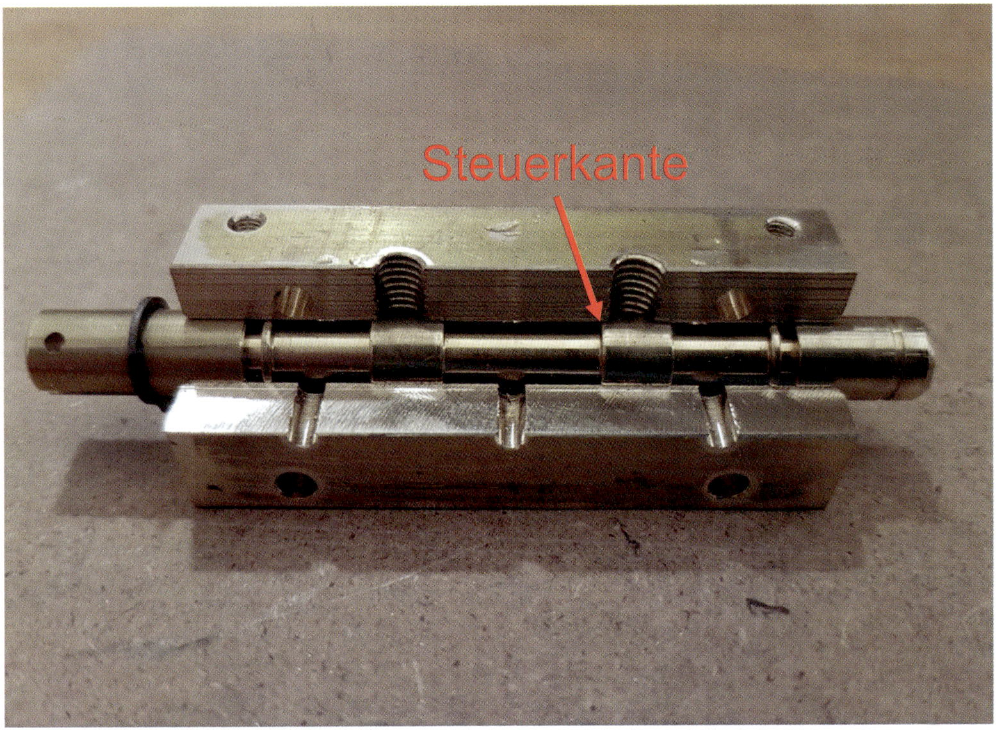

Abbildung 12: Schnittbild eines Schieberventils

genauer beschrieben wird. Die Abbildung 12 zeigt im Schnittmodell, die erwähnte Steuerkante.

Da meine Werkstatt, nicht über eine Schleifeinrichtung verfügt, werden die Ventilbohrungen mit Reibahlen H7 gerieben (geglättet) und die Stangen mit Schleifpapier bearbeitet.

Durch eine positive Schalt-Überdeckung der Abgänge (A+B), kann eine höhere Dichtigkeit bei allerdings längerer Ansprechzeit erreicht werde, oder bei einer Null-Überdeckung das agilere Ansprechen. Wenn ein Ventil absolut dicht sein muss, kann man auf das Ventil ein hydraulisch entsperrbares Rückschlagventil aufschrauben. Die Gewinde dafür sind an den Ventilen bereits vorhanden. Bei anderen Herstellern kann der Einbau von Sperrventilen in die Ölleitungen vorgenommen werden. Ein Schieberventil stellt eine elegante und platzsparende, Variante dar.

5.1.8 Schaltüberdeckung der Ventilschieber

Die Tabelle 9 zeigt die unterschiedlichen Möglichkeiten zur Beeinflussung des Ansprechverhaltens auf.

Mit der Steuerkantengeometrie wird das Ansprechverhalten der Ventile reguliert. Mittels einer Kerbe in der Steuerkante oder einer Fase kann die Ölmenge beim Öffnen des Ventils feiner dosiert werden als bei einer scharfen Steuerkanten.

Positive Überdeckung
Bietet eine höhere Dichtigkeit bei verzögertem Ansprechverhalten.

Null-Überdeckung
Spricht unmittelbar an, bei jedoch größerer Leckage.

Negative Überdeckung
Das Öl fließt über beide Steuerkanten (z.B. bei Schwimmstellung)

Schaltüberdeckung kann die innere Leckage beeinflussen		
positive - Überdeckung	Null - Überdeckung	negative - Überdeckung
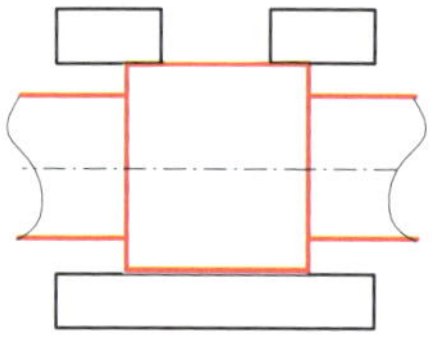	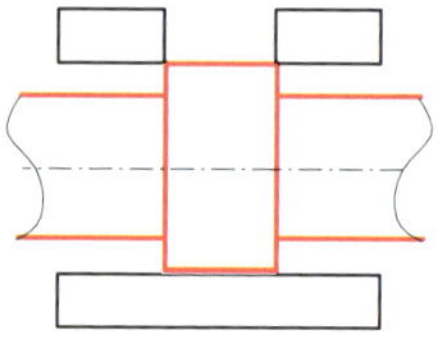	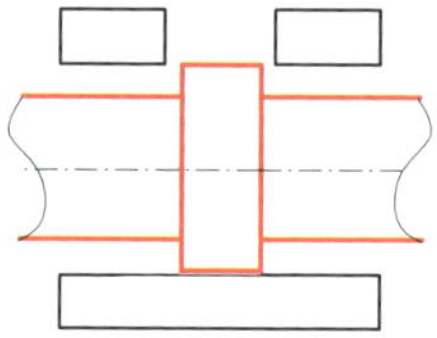
So erreicht man eine höhere Dichtigkeit, der Ventile, aber der Öl- Fluss ist träger beim bedienen.	Bei kleinster bewegung der Steuerkannte, fliesst der Öl- Strom. Dafür ist die Innere Leckage gross.	Der Öl- Fluss kann über beide Steuerknaten fliessen. z.B. bei Schwimmstellung

Tabelle 9: Schalterüberdeckung und Steuerkantengeometrie

Steuerkantengeometrie kann Steuerverhalten beeinflussen		
Steuerkante mit Kerbe	Steuerkante mit Fase	Steuerkante scharfkantig
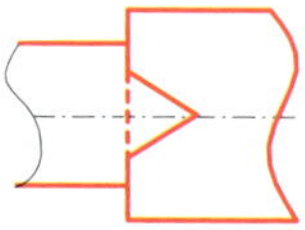	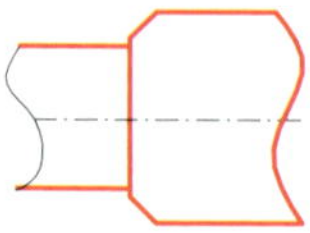	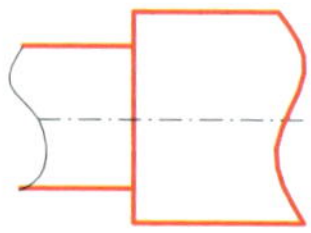

5.2 Leitungen

Bei den Leitungen gibt es, außer ihrer Druckbeständigkeit, nicht viel zu beachten. Natürlich ist der Leitungsquerschnitt ein wichtiger Punkt, hat aber mit dem Leitungsmaterial nichts zu tun. Jedoch zeigen sich in der Verarbeitung Vor- und Nachteile der verschieden Materialien.

5.2.1 Metallrohre

Im Modellbau werden fast ausschließlich Messing- oder Kupferrohre verbaut. Sowohl Lötverbindungen als auch Klemmverschraubungen sind leicht herzustellen. Stahl lässt sich nur schweißen oder mit aggressivem Lötwasser löten, was die Gefahr der Rostbildung birgt. Darüber hinaus sind Buntmetallrohre leichter biegbar und können dem Modell gut angepasst werden. Ein sauber verlegtes Rohr ist z.B. an einem Baggerausleger nicht nur funktionell, sondern wertet auch die Optik erheblich auf. Metallrohre sind druck- und wärmestabil und in unterschiedlichen Dimensionen in Baumärkten leicht erhältlich.

5.2.2 Kunststoffleitungen

An flexiblen Verbindungen oder wenn Gelenke überbrückt werden müssen, kommen Kunststoffleitungen zum Einsatz.

Hier verlangt es, etwas mehr an Recherche als bei den Metallrohren, da die Kunststoffleitungen nicht allzu große Drücke aushalten. Faustregel: Je weicher das Rohr, desto weniger Druck hält es aus. Für die Kleineren Maßstäbe, wie 1:14.5, bei denen das Hydrauliksystem Drücke von 10 bis 18 bar entwickelt, sind die Anforderungen an das Material wesentlich geringer als bei größeren Modellen. (Siehe Tab.1)

Kunststoffrohre bekommt man in verschiedenen Durchmessern und Festigkeitsklassen. Zwischen den einzelnen Lieferanten gibt es große Unterschiede.

Meine bevorzugten Rohre, stammen von der Firma Legris Parker. Diese haben einen Berstdruck von etwa 90 bar, bei einer Temperatur von 40°C. Die Vorteile gegenüber den Metallrohren liegen in der Flexibilität bei der Verlegung und Handhabung. Auch die Verbindungen bieten ein breites Sortiment.

5.3 Anschlüsse und Verbindungen

5.3.1 Löten

Festverrohrungen werden in den meisten Fällen verlötet, da die Leitungen aus Messing oder Kupfer bestehen, die sich sehr gut mit diesem Verfahren verbinden lassen. In den meisten Situationen, reicht das Weichlöten, um die benötigte Festigkeit zu erreichen. Nur in wenigen Fällen wird Hartlöten notwendig sein. Drücke bis zu 50 bar halten mit Weichlot problemlos. Auch bei 1:8 Modellen kann bis zu 90% alles weich verlötet werden.

Abbildung 13: Zylinderbau

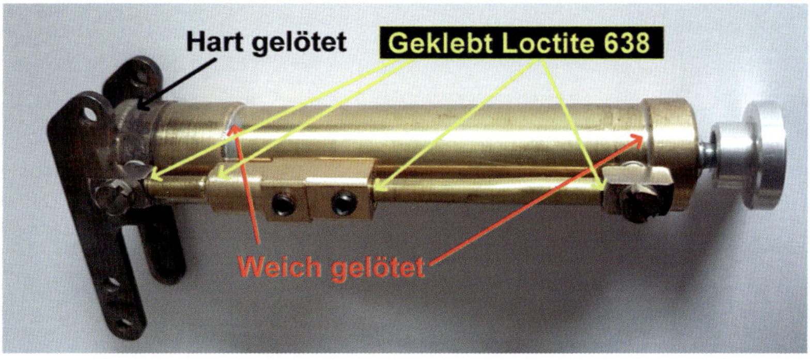

In Situationen, die mehrere Lötschritte erfordern und ein Teil hartgelötet wird, wendet man die verschiedene Verarbeitungstemperaturen in absteigender Folge an, damit die zuvor verbundenen Teile beim Weiterverarbeiten nicht wieder auseinanderfallen. Denn beim Hartlöten liegen die Temperaturen bei 700-900°C, beim Weichlöten dagegen bei 300-450°C

5.3.2 Kleben

Es gibt aber Bereiche, in denen Löten nicht mehr möglich sein wird. Beispielsweise bei kleinen Zylindern, da bei ihnen die Dichtungen im Inneren überhitzt würden oder bei komplexen Kombinationen, wie im Bild 14, zu sehen ist.

Hier ist das Kleben eine echte Alternative zum Löten. Geklebt wird mit Loctite 638 von Henkel.

Dieser Klebstoff hat eine Spaltüberbrückung von 0,25 mm, also genügend um gut adaptierte Bauteile zu verbinden. Auch die Festigkeit übersteigt mit 25 N/mm² die Werte des Weichlots. Somit muss man sich um die Haltbarkeit keine Sorgen machen. Der Zylinder in der Abbildung 14, wird mit 50 bar betrieben und hat bis jetzt noch keine Schwächen gezeigt.

5.3.3 Schrauben

Die Schraubverbindungen von SMC, sind die am häufigsten im Modellbau verwendeten Verbindungen bei Schlauchleitungen.

Abbildung 14: Zylinder kleben

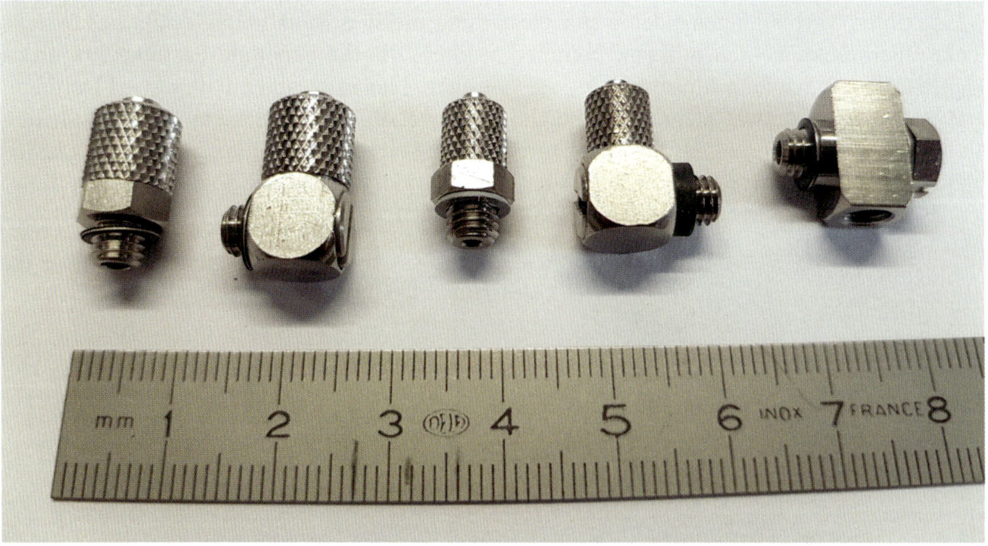

Abbildung 15: SMC-Schraubverbindung M5

Mit Gewinden von M3 bis M5, und Schlauchgrößen von 2-6 mm sind die Verbindungen auch am flexibelsten in den Abstufungen. Bei den Größen 4 und 6 mm, werden sie mit Überwurfhülsen geliefert, bei 3 mm ohne.

Da ist zu empfehlen, eine eigene Hülse zu drehen, um den Schlauch auf der Tülle zu sichern. Von der Druckbelastung sind sie unbedenklich bis 50-60 bar einsetzbar. Die Verarbeitung ist von sehr guter Qualität und mit immer gleichbleibender Passgenauigkeit. Auch die Größen passen zu unseren Modellen. Aber auch wenn ein Fitting mal nicht passen sollte oder fix eingelötet werden muss, ist dies kein Problem. Da sie aus Messing gefertigt sind, sind sie einfach zu bearbeiten.

Abbildung 16: SMC-Schraubverbindung M3 ▲▶

Abbildung 17: SMC-Verschraubungen gelötet

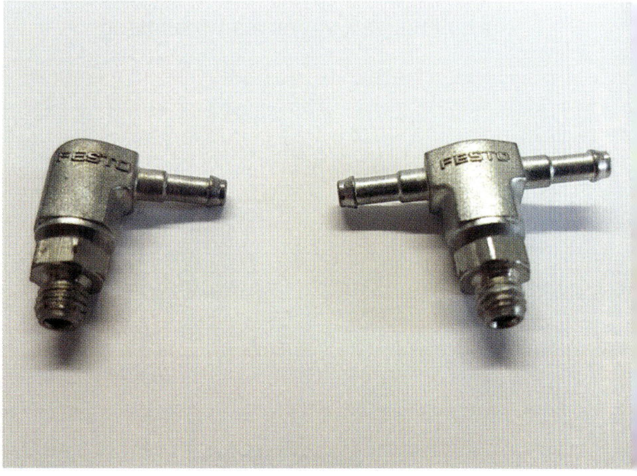

Abbildung 18: Festo-Verbindung

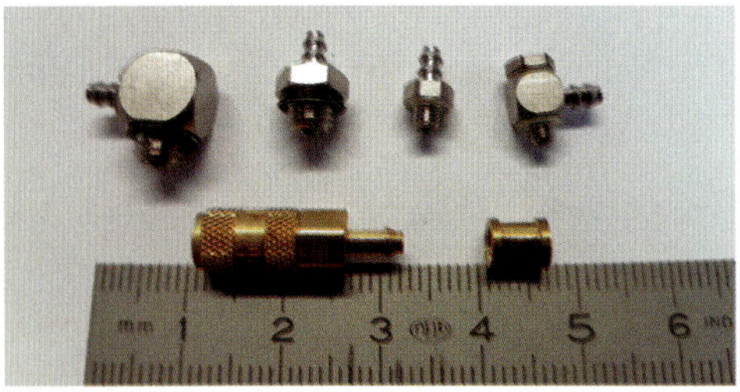

Abbildung 19: SMC M3/5 3mm Schlauch Verbindungen

Abbildung 20: Legris M5-Verbindung

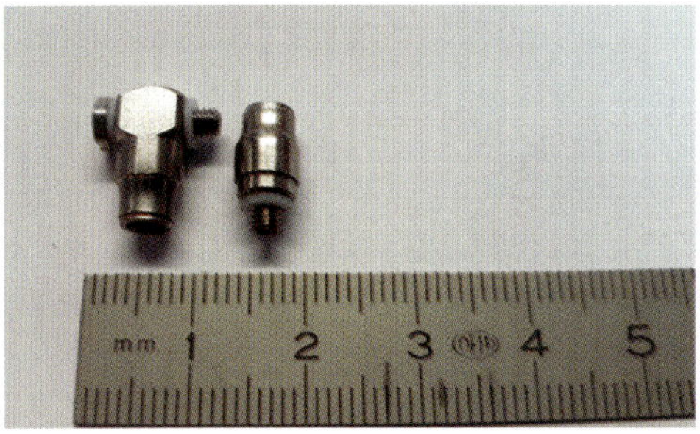

Abbildung 21: Legris M3-Verbindung

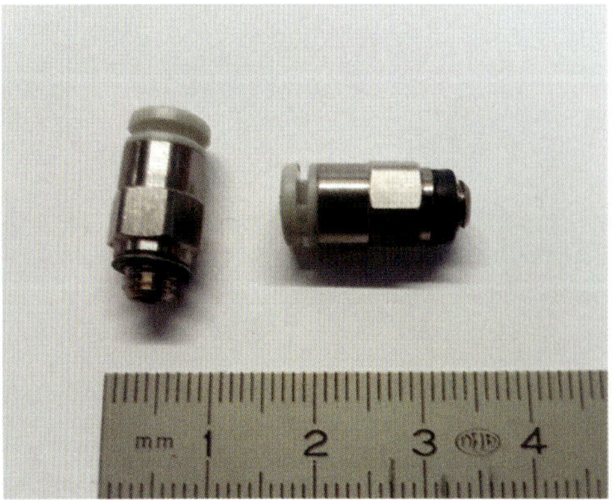

Abbildung 22: SMC M5-Steckverbindungen

5.3.4 Klemmen

Die Verschraubungen von Festo sind weit verbreitet, vor allem bei der Leimbach-Hydraulik. Drücke von 10-15 bar sind unbedenklich. Bei höherem Drucken, sind Überschiebmuffen erforderlich, da sich sonst der Schlauch vom Schlauchnippel schiebt.

Auch bei SMC sind die M3-Anschlüsse, nicht mehr mit Überwurfverschraubungen versehen. Hier ist es ebenso von Vorteil, ab einem Druck von 10 bar, mit einer Überschiebmuffe zu sichern. Wenn man dazu noch einen Schlauch von Legris/Parker nimmt, ist ein Betriebsdruck von 50 bar möglich.

5.3.5 Stecken

Bei den Schnellanschlüssen, gibt es ebenfalls verschiedene Ausführungen, wie die in der Abbildung 20, von Legris/Parker. Sie haben ein M5-Gewinde und sind für Schlauchgrößen von 3-4 mm geeignet. Zur Verschraubung haben sie innen einen 2,5 Inbus. Somit entfällt der Sechskant außen, der bei vielen Anwendungen optisch stört. Die Schlauchverbindung geschieht durch einfaches Zusammenstecken. Vom mir getestet, kann sie bis 50 bar belastet werden.

Allerdings kann es bei stetiger Bewegung des Schlauches nahe am Übergang, zum „Schwitzen“ kommen. Wenn man den Schlauch so anbringen kann, dass er sich nicht stark bewegt, sind es auf Dauer, hervorragende Verbindungen.

Auch SMC bietet solche Schnellverbinder an.

5.3.6 Kupplungen

Für zu lösende Verbindungen, gibt es Schnellkupplungen. Die hier gezeigten sind in der Größe M5. Die Kupplung hat eine integrierte Sperre, sodass kein Öl auslaufen kann, wenn die Verbindung gelöst wird. Beim Nippel (Stecker?) ist es das Gleiche. Erst beim Zusammenstecken öffnen sich die Ventile gegenseitig und geben den Ölfluss frei.

Diese Kupplungen gibt es auch kleiner, in M3. Bei diesen hat nur die Kupplung ein Absperrventil. Beim Nippel (Stecker?) reichte der Platz für ein Ventil nicht aus. Somit blcibt nach dem Abkoppeln die periphere Leitung offen. Behelfsmäßig kann man sich eine Verschlusskappe aus Gummi anfertigen.

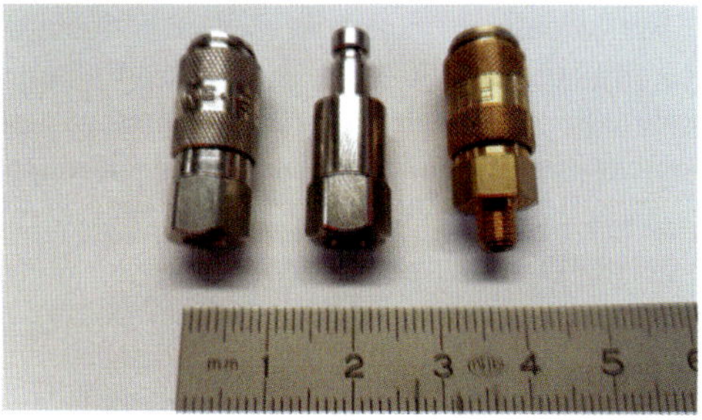

Abbildung 23: Schnellkupplung Rectus

5.3.7 Eigenanfertigung von Verbindungen

Es gibt aber auch Situationen, die speziell angepasste Bauteile erfordern, die im Handel nicht erhältlich sind. Diese muss man dann selbst anfertigen. Dies ist sicherlich nicht die bequemste Art, um zu Verschraubungen zu kommen und stellt eine Herausforderung für den Modellbauer dar.

Abbildung 24: Eigenbau-T-Verbindung

Die Abbildungen 25 und 26 zeigen ein T-Stück, das aus einem 8×8-mm-Messingstab selbst gefertigt wurde. Um solche Teile herzustellen, mussten zunächst Spannmittel für die Drehmaschine gefertigt werden, um die Teile einspannen zu können. Dies erfordert alles einen erhöhten Aufwand, aber, wie man sieht, lohnt es sich.

Abbildung 25: Eigenbau T-Verbindung

5.4 Abdichtungen von Zylindern/Ventilen

Eine ständige Herausforderung ist das Abdichten von Zylindern. Anfangs wurden mittels Stopfbüchsen ölgetränkte Lederschnüren eingesetzt, bis Dichtungsringe entwickelt wurden, die aus verschiedenen Kautschuk- und Kunststoffmischungen bestehen. Aus der Vielfalt anderer Abdichtungsmöglichkeiten sollen hier auf den O-Ring näher eingegangen werden.

O-Ringe werden in unter-schiedlichsten Größen, Stärken und Härtegraden hergestellt. Sie eignen sich besonders bei engen Verhältnissen in einem Zylinder.

Abbildung 26: Eigenbau T-Verbindung

Ein wichtiger Punkt ist das der richtige Raum bereitgestellt wird, sodass der O-Ring während der Verschiebung des Zylinders an seinem Platz rollen kann. Anderenfalls kommt es zu erhöhtem Verschleiß und verstärkten Leckagen. Aber auch, wenn sich der O-Ring dreht, kommt es zu einem gewissen Ölschwitzen am Zylinderkopf (2) (die hier aufgeführten Zahlen beziehen sich auf die Zeichnung auf der Seite 59). Andere Abdichtungen können dies besser verhindern.

Es wird auch unterschieden, ob eine Dichtung in einem statischen oder dynamischen System eingesetzt wird. Statisch heißt nicht bewegt, wie z.B. bei der Abdichtung von einem Deckel (1). Eine dynamische Abdichtung liegt z.B. bei einer bewegten Kolbenstage vor (2+8). In der nachstehenden Tabelle 10, soll aufgezeigt werden, wie groß ein Einstich (eine Nut) sein muss, um genügend Platz für sicheren Sitz und Funktion des O-Rings, zu schaffen.

Damit wird auch die Lebensdauer des Rings beeinflusst. Wenn man sich an diese Werte halten kann, bekommt man eine gute, preiswerte, langlebige, und auch zuverlässige Abdichtung.

Einen nicht zu vernachlässigenden Nachteil hat der O-Ring aber: Bei längerem Nichtgebrauch klebt er an der Kolbenstage und an der Zylinderwand (2+7) fest und es wird beim Anfahren ein erhöhter Druck benötigt, um ihn zu lösen.

Tabelle 10: Einbaumaße O-Ringe

Dicke O-Ring	Beweglicher Einbau			Fester Einbau	
	Nuttiefe		Nutbreite	Nuttiefe	Nutbreite
	dynamisch h (mm)	statisch h (mm)	dyn/stat h (mm)	statisch h (mm)	dyn/stat h (mm)
1,00	0,80	0,75	1,35	0,70	1,50
1,50	1,26	1,15	1,90	1,05	2,20
1,80	1,46	1,35	2,40	1,30	2,60
2,00	1,65	1,55	2,70	1,45	2,85
2,50	2,15	1,95	3,30	1,90	3,55

5.4.1 Alternativen zu O-Ringen

Die Alternativen zu den O-Ringen sind vielfältig. Als ein Beispiel soll der X-Ring erwähnt werden. Im Querschnitt ist er nicht rund, sondern wie ein X geformt. Der Vorteil, dieser Bauform ist der geringere Anpressdruck im Ruhezustand. Erst wenn sich der Druck aufbaut, werden die beiden Schenkel des X, die dem Druck ausgesetzt sind, aufgerichtet und gegen die Dichtflächen gedrückt. Der Nachteil liegt in seinem größeren Querschnitt. Bei kleinen Einbaumaßen wird es einfacher sein, einen O-Ring als einen X-Ring zu platziere. Hier soll nicht weiter auf das komplexe Gebiet von Abdichtungen eingegangen werden, in das sich der Modellbauer mit zunehmender Erfahrung und Erfolg sicher selbst vertiefen wird, um die Eigenbauhydraulik zu verfeinern.

5.5 Bauarten von Zylindern

5.5.1 Einfachwirkende Zylinder

Im einfachwirkenden Zylinder wirkt die Kraft nur von einer Seite, d.h. er bewegt sich aktiv nur in eine Richtung.

Abbildung 28: Einfachwirkender Zylinder

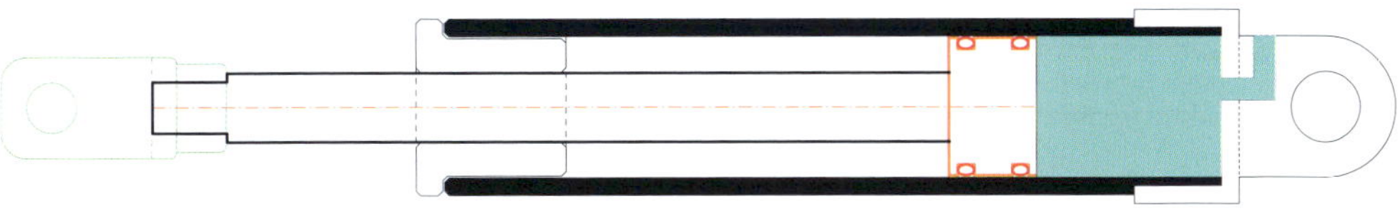

Einfachwirkende-Zylinder

Abbildung 29: Einfachwirkender Zylinder

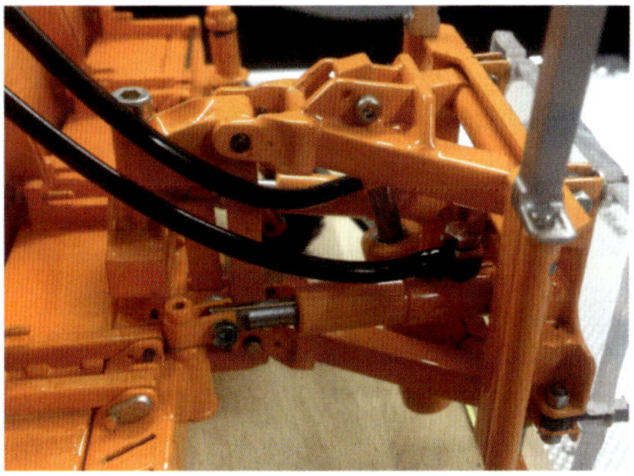

Abbildung 30: Einfachwirkender Zylinder

Diese Bauart kommt dort zum Einsatz, wo nur in eine Richtung Kraft benötigt wird, zum Beispiel bei der Anlenkung eines Schneeräumschildes. Dort wird mit zwei einfachwirkenden Zylindern das Schwenken vollzogen. So drückt der eine Zylinder, das Schild nach links, und der andere nach rechts. Aber auch beim Heben eines Räumschildes genügt ein einfachwirkender Zylinder. Beim Absenken reicht das Gewicht des Pflugs, um den Zylinder einzufahren.

Der große Vorteil dieser Zylinder, ist ihre schlanke Bauform. Aber auch die Verrohrung halbiert sich, was bei engen Platzverhältnissen vorteilhaft ist.

5.5.2 Doppeltwirkende Zylinder

Ein doppelt wirkender Hydraulikzylinder findet eine breite Anwendung und wird entsprechend oft verbaut. Bei dieser Konstruktion werden beide Seiten der Kolbenfläche mit Öl beaufschlagt sodass beide Bewegungen aktiv erfolgen, dadurch übt er in beide Richtungen eine Kraft aus.

Wie bei einem Bagger, bei dem die Schaufel öffnet und schließt oder bei einer Kranabstützung, deren Stützfuß nach unten und aktiv wieder hochfährt. Es ist jedoch zu beachten, dass die Kolbenfläche auf der Stangenseite (A) um den Querschnitt der Kolbenstange geringer ist. Dadurch ist auch die Kraft kleiner, als auf der Kolbenseite, die auf ihrer gesamten Fläche, dem Druck ausgesetzt ist. Je dicker die Kolbenstange, desto unterschiedlicher die Kräfte in einem doppeltwirkenden Zylinder.

Zu berücksichtigen ist auch der dadurch verursachte Geschwindigkeitsunterschied,

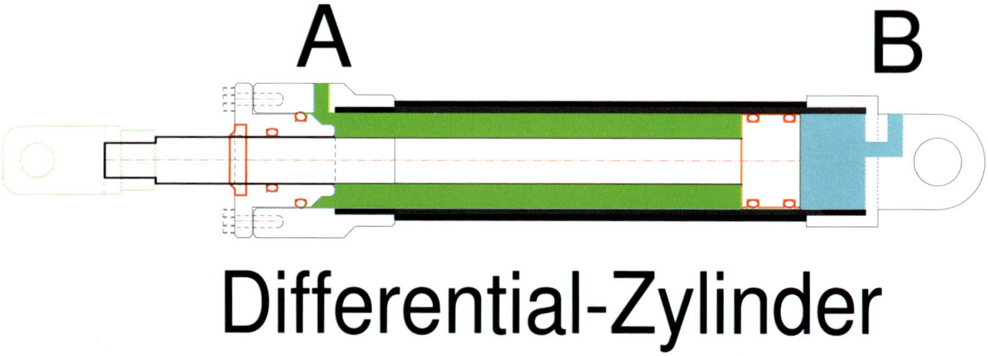

Abbildung 31: Doppeltwirkender oder Differential-Zylinder

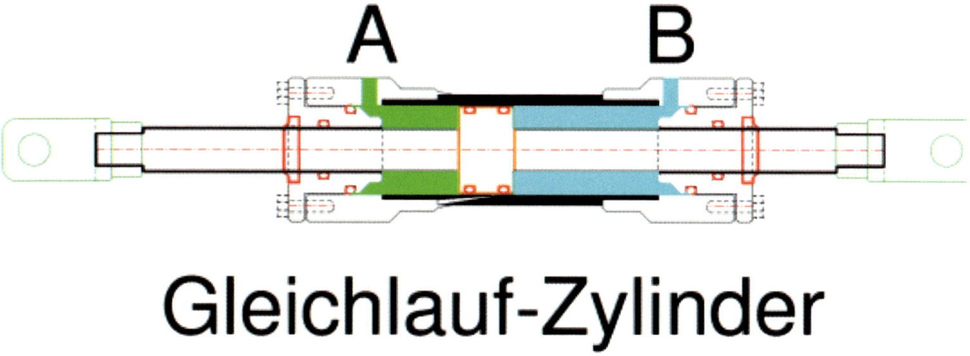

Abbildung 32: Gleichlauf-Zylinder

beim Ein- und Ausfahren des Zylinders. Beim Ausfahren (B) ist ein größeres Öl-Volumen nötig, sodass das Ausfahren länger dauert als das Einfahren – bei gleichem Volumenstrom des Öls.

5.5.3 Gleichlaufzylinder

Der Gleichlaufzylinder hat an beiden Seiten Kolbenstangen. Er kommt meistens bei einer Fahrzeuglenkung zum Einsatz. Dabei herrschen links und rechts die gleichen Lenkwinkel. Auch die Kräfte sind gleich, was bei einer Lenkung wichtig ist, um zu beiden Seiten gleich schnelle Lenkbewegungen zu erhalten.

Bei der Konstruktion wird so ein Zylinder so gebaut wie jeder andere, außer, dass es zweimal ein Kopfstück gibt und kein Fußteil.

Abbildung 33: Gleichlaufzylinder

Abbildung 34: Gleichlaufzylinder

5.5.4 Stufenzylinder (Teleskopzylinder)

Stufenzylinder kommt überall dort zum Einsatz, wo bei einer begrenzten Einbauhöhe eine große Hubhöhe erreicht werden soll. Z.B. bei einem Kipper, bei dem der Zylinder im Rahmen sitzt und nur wenig Höhe zur Verfügung steht. Bei einem Stufenzylinder sind mehrere Zylinder ineinander geschoben, um eine große Hublänge zu erzielen. In der Fachsprache heißen sie Stufen. Von der Wirkungsweise her sind sie in der Regel, einfach wirkende Zylinder.

Dabei wird z.B. bei einem Muldenkipper beim Einfahren der Stufenzylinder durch das Eigengewicht der Kippmulde zusammengedrückt, und die Mulde fährt in die waagrechte Position zurück. Um das Ganze etwas zu beschleunigen, kann auch die Hydraulikpumpe in entgegengesetzter Richtung betrieben werden. Durch den entstehenden Unterdruck schiebt sich der Stufenzylinder etwas schneller zusammen.

Abbildung 36: Stufenzylinder 1:14

5.6 Grundaufbau einer Versuchshydraulik

Hier wird eine Musteranlage gezeigt, die als Prüfstation gebraucht wird, um Hydraulikzylinder zu testen. Alle Komponenten (bis auf die Anzeigeinstrumente) wurden in meiner Hobbywerkstatt gefertigt.

Der Öltank (1) entstand aus einem Reststück Alu-Vierkant-Rohr, auf das auf beiden Seiten eine Deckel aufgeschweißt wurde. Andere Materialien wie Messing, Kupfer oder auch Kunststoff eignen sich ebenfalls. Vielfach entscheidet auch der Platz im Modell, wie ein Tank gestaltet ist und aus welchem Material er besteht. Bei dieser Musteranlage hat die Tankwand eine Stärke von 4 mm, sodass die Gewinde für die Anschlüsse direkt in den Tank geschnitten werden konnten. Bei anderen Materialien und geringeren Wandstärken, müssen sie gelötet oder geklebt werden.

Abbildung 35: Einzelteile Stufenzylinder

Abbildung 37: Stufenzylinder 1:8

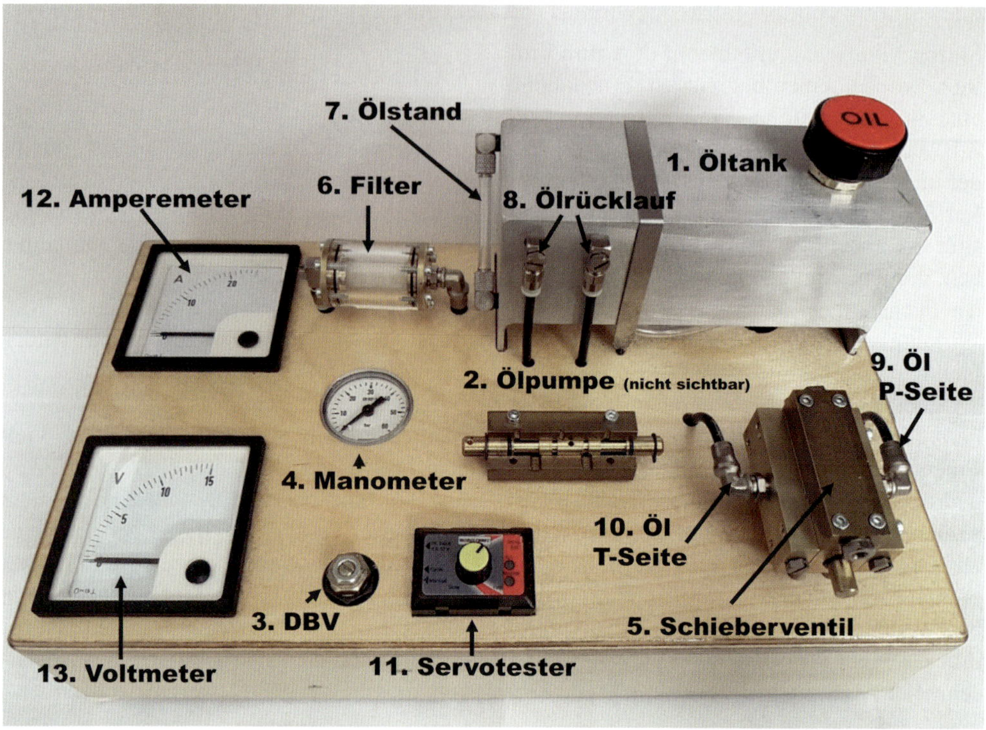

Abbildung 38: Grundaufbau Hydraulikkreis

Der Einfüllstutzen ist mit einem belüfteten Deckel verschlossen, um Änderungen des Füllstands drucklos auszugleichen. Darüber hinaus ist ein Schmutzfilter integriert. An der Tankseite wurde eine Füllstandsanzeige (7) in Form eines PVC-Schlauches zwischen zwei Winkelfittingen angebaut.

Die beiden Anschlüsse (8) sind Rücklauf-Leitungen. Eine vom DBV, das bei dieser Anlage vom Ventilblock getrennt platziert wurde, die zweite vom Ventilblock (9). Bei in Modellen fest eingebauten Ventilen, sitzt das DBV direkt neben dem ersten Ventil. So gibt es nur eine Rücklaufleitung. Ich versuche grundsätzlich so wenig Schlauchleitungen wie möglich einzusetzen. Dies aus Platzgründen, aber auch um die Gefahr von Leckagen zu minimieren. Die Hydraulikpumpe der Anlage wurde unter der Holzplatte installiert. Es handelt sich um eine Marzocchi Außen-Zahnrad-Pumpe. Aufgrund ihrer Baugröße fand sie keinen Einsatz in Modellen.

Dort verbaue ich lieber Jung Fluid Pumpen mit den geringen Einbaumassen von nur 35×35×35 mm.

Als Antrieb dient ein Maxxon Motor mit Getriebe. Die Halterungen von Motor und Pumpe wurden aus Aluminium gefräst und zum Schutz der Pumpenwelle eine Ausgleichskupplung eingebaut. Der Motor wird über einen handelsüblichen Regler für Bürstenmotoren angesteuert.

An Stelle einer Fernsteuerung wurde ein Servotester (11) verbaut. Statt mit einem Akku wird die Anlage über ein Netzgerät betrieben. Mit einem Amperemeter (12) und einem Voltmeter (13) wird die elektrische Seite überwacht.

Im Betrieb sieht man, wie bei steigendem

Hydraulikdruck, die Anzeige des Amperemeters (12) ansteigt. Auf der hydraulischen Seite gibt es ein Manometer (4), um den aktuellen Systemdruck und den eingestellten Druck abzulesen, bei dem das DBV (3) öffnet. Gerade bei einer Teststation, ist ein Rücklauffilter wichtig, weil man neu gefertigte Zylinder betreibt, die noch Verunreinigungen mit sich bringen. Um die Verschmutzung beobachten zu können, besteht das Filtergehäuse aus klarem Plexiglas. Der Ventilblock (5) besteht nur aus einem Ventil, da jeweils nur ein Zylinder getestet wird. Die Anschlüsse für die Zylinder befinden sich stirnseitig am Ventil. Wo die silberfarbige Sechskant-Verschraubung sitzt.

Bedient wird das Ventil von Hand, da es sich ja lediglich um eine Prüfeinrichtung handelt.

Abbildung 39: Hydraulikpumpe der Testanlage

5.7 Öltank

Bei einem Tank sollte man ein paar Dinge beachten. Das Volumen sollte so groß sein, dass sich das rücklaufende Öl, beruhigen und abkühlen kann. Sollte die Öltemperatur dabei nicht ausreichend absinken, kann man einen Kühler in den Rücklauf einbauen.

Weiterhin sollte ein Rücklauffilter eingebaut werden, um das Öl im Tank sauber zu halten. Dieser kann innerhalb oder außerhalb des Tanks installiert werden. Fertigt man das Gehäuse aus Acrylglas, kann man die Verschmutzung kontrollieren.

Zum Füllstand des Tanks, ist eine optische Anzeige praktisch. Die kann wie auf dem Bild ersichtlich, mit einfachen SMC-Anschlüssen, und einem klaren PVC-Schlauch, angebaut werden.

Der Ansaugstutzen sollte möglichst weit vom Rücklauf platziert sein, um etwas Beruhigung ins Öl zu bringen. Er sollte einen gewissen Abstand zum Tankboden haben, um keine Ablagerungen anzusaugen. Vom Querschnitt haben sich 8 bis 10 mm bewährt. Wenn der Querschnitt zu klein ist, kann es zu Blasenbildung im Öl kommen.Eine Tankbelüftung ist für den Druckausgleich bei unterschiedlicher Tankfüllung zwingend notwendig.

Das Tankvolumen muss größer sein als das Ölvolumen, das maximal im Betrieb des Systems benötigt wird. Zu berücksichtigen ist dabei auch, dass bei Schräglagen des Modells der Ansaugstutzen nie aus dem Öl auftauchen darf. Sonst zieht die Pumpe Luft, und nichts funktioniert mehr. Die Formgestaltung des Tanks selbst, bleibt weitgehend frei.

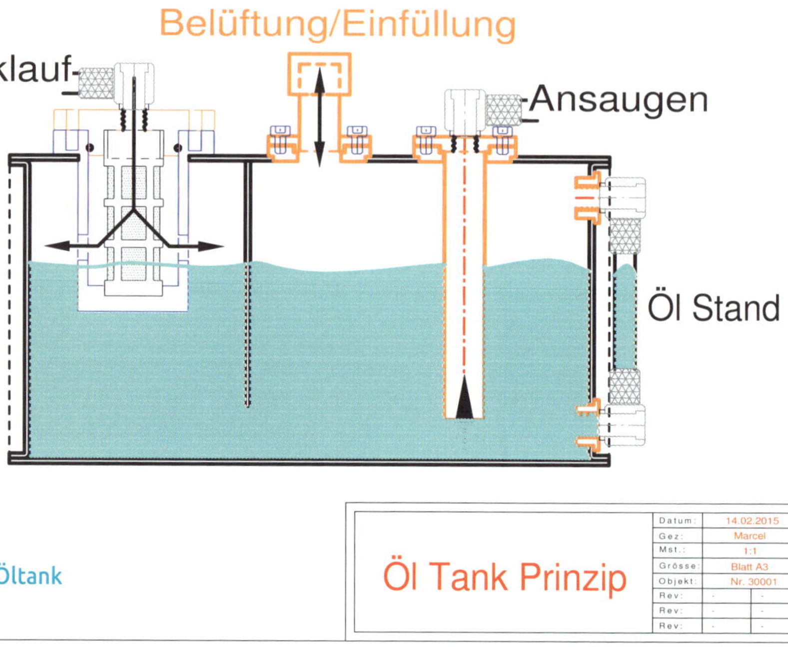

Schema 4: Öltank

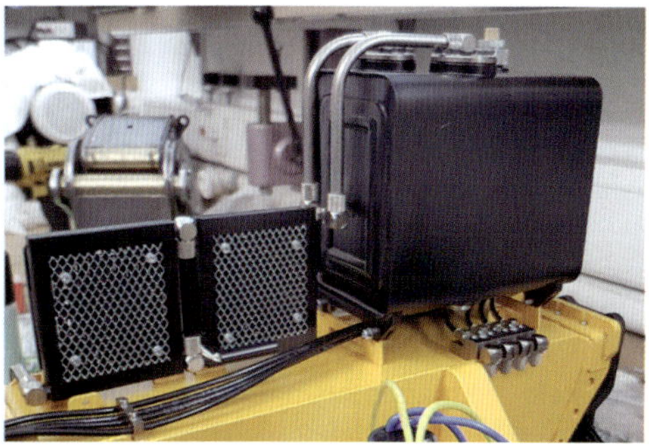

Abbildung 40: Öltank Effer 1750 mit Öl-Kühler

Abbildung 41: Ölfilter-Eigenbau

5.8 Filter

Gezeigt wird hier ein Beispiel, wie ein Filter für den Rücklauf gebaut werden kann. Das Gehäuse ist aus klarem Acryl, der Rest aus Messing, Alu oder Kunststoff. Wichtig bleibt, dass das Öl außen auf den Filter gelangt und nach innen abläuft. Der Filter lässt sich bei einem Durchmesser von nur 8 mm von außen besser reinigen als von innen. Gefertigt wird er in drei Teilen, die mittels M2,5-Schrauben im Acryl verschraubt und mit O-Ringen abgedichtet sind.

5.8.1 Tank mit eingebautem Filter und Belüftungsstutzen

In diesem Einfüllstutzen ist der integrierte Sintermetallfilter sichtbar. Er verhindert, dass Staub über die Belüftung in das Öl gelangt. Dies ist besonders wichtig bei Modellen mit Einsatz in staubiger Umgebung.

Abbildung 42: Ölfilter-Eigenbau

Abbildung 43: Eigenbau-Tank

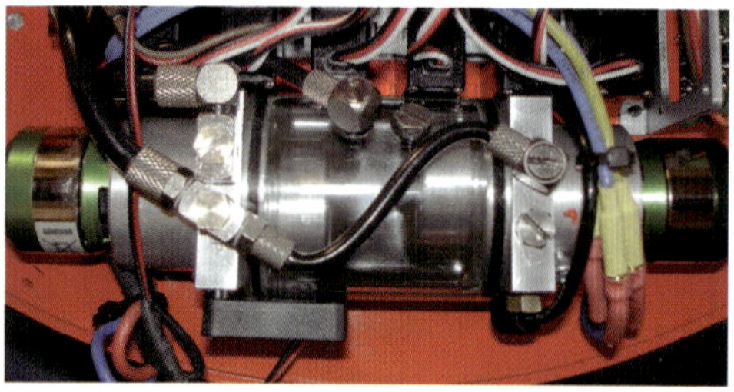

Abbildung 46: Doppelpumpe Damitz Bagger 900 ml/min Direktantrieb

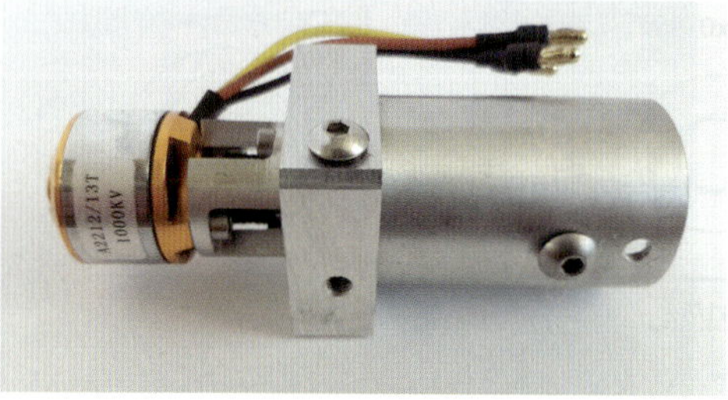

Abbildung 47: Komplette Einheit von Magom HRC Direktantrieb

Abbildung 48: Komplette Einheit verbaut im Brami-Radlader mit 3:1 Untersetzung

Abbildung 49: Pumpeneinheit Effer-Kran 800 ml/min Untersetzung 3:1

Runterladen – für alle verschiedenen Typen.

Auch ein Anruf bei der Firma lohnt sich für eine korrekte Abklärung auf jeden Fall.

7.1.3 Auslegung von Motor und Getriebe

Der Tabelle 11 ist zu entnehmen, welche Motorleistung erforderlich sein wird, um das geforderte Volumen bei entsprechendem Druck und Drehzahl, zu leisten. Dies sind aber nur theoretische Werte. Verluste durch Getriebe, Lager etc. sind dabei nicht berücksichtigt. Es ist darum aus Erfahrung sinnvoll, einen Motor zu wählen, der die doppelte Leistung hat. Noch stärker wäre möglich, aber nicht effizient. Denn große Motoren benötigen bereits im Leerlauf beträchtlich mehr Strom.

Eine Erfahrung ist zu berücksichtigen: Es hat sich gezeigt, dass die bürstenlosen Motoren unter Last nicht so leicht anlaufen. Darum werden oft, sehr große Motoren mit einer direkten Verbindung zur Pumpe gewählt. Setzt man aber eine Untersetzung von 3:1 zwischen Motor und Pumpe, läuft der Motor auch unter Last problemlos an.

7.2 Bau eines Ventilblocks (Schieberventile)

Beginnen wir mit dem Bau eines ganzen Ventilblocks. Dazu gehört die Anfangsplatte, wobei bei meiner Version das DBV gleich integriert wird, um lästige Verrohrung zu sparen. Natürlich kann das DBV auch an anderer Stelle im Fahrzeug platziert werden.

7.2.1 Ventilblock in Einzelteilen

Die Anfangsplatte wird mittels vier M3-Schrauben am ersten Ventil angeschraubt. Zur Abdichtung legt man drei O-Ringe in die dafür gefrästen Vertiefungen um die Ölbohrungen. Auf der anderen Seite des ersten Ventils, werden vier Gewindestangen in die M3-Bohrungen gedreht und mit Schraubensicherungslack gesichert, damit sie sich beim Lösen der gegenüberliegenden Stoppmuttern nicht mitdrehen.

Jetzt können die nachfolgenden Ventile einfach über die Gewindestangen geschoben, und mit der Endplatte, mittels vier M3-Sicherungsmuttern zusammengeklemmt werden. Natürlich müssen jeweils zwischen die Ventile wieder O-Ringe gelegt werden. Ein großer Vorteil dieser Bauart ist die variable Anzahl aufgereihter Ventile mit nur wenigen Montageteilen und ohne spezielles Werkzeug.

Die hier beschriebenen Ventile besitzen je eine 8-mm-Schieberstange. Bei engen Platzverhältnissen können auch Ventile mit 6-mm-Schieberstangen verwendet werden. Die Fertigung erschwert sich dadurch nicht. Für den 1:8 Maßstab haben sich diese Ventile bestens bewährt.

Abbildung 50: Anfangsplatte mit DBV groß

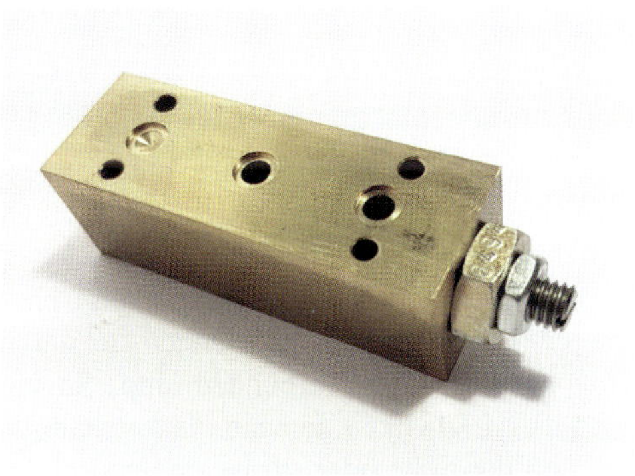

Abbildung 51: Anfangsplatte mit DBV klein

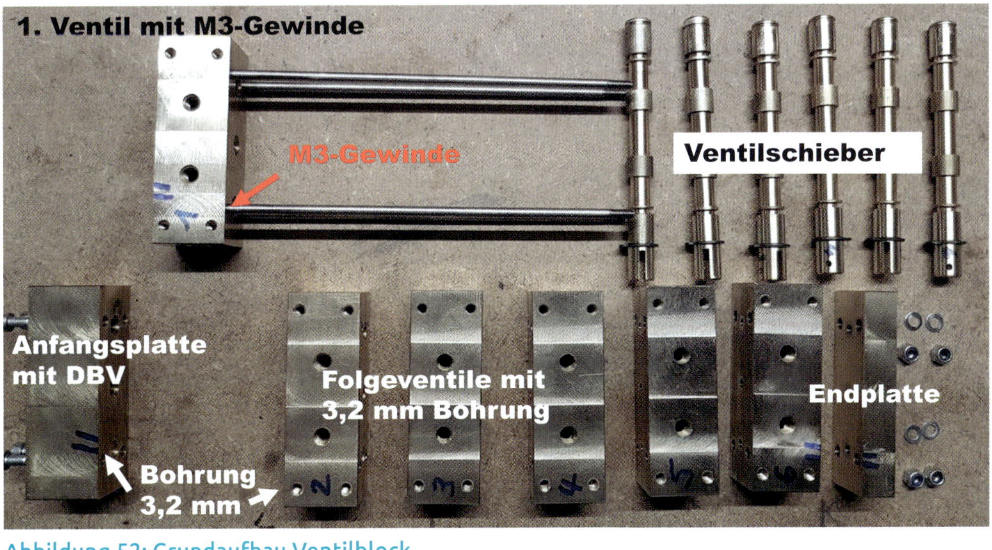

Abbildung 52: Grundaufbau Ventilblock

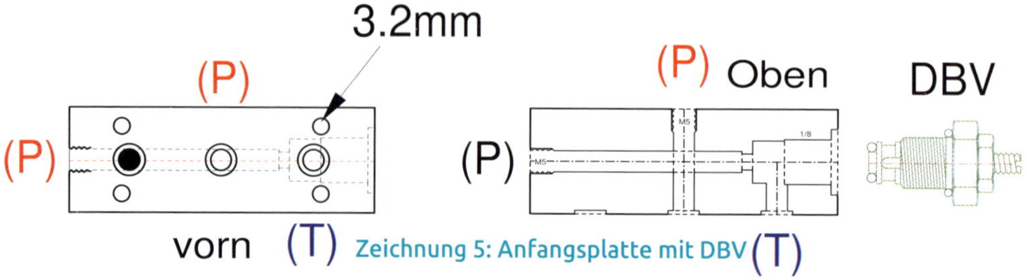

Zeichnung 5: Anfangsplatte mit DBV

7.2.2 Anfangsplatte mit Sicherheitsventil

Die Anfangsplatte besteht aus einem Messingstück von 58×20×20 mm. Sie führt das Öl von der Pumpe dem Ventilblock zu.

Der Anschluss an die Ventile erfolgt über die mit (P) bezeichneten Öffnungen, die durch eine Kreuzbohrung verbunden sind. So hat man die Möglichkeit, je nach Platzverhältnissen, auf der Seite oder stirnseitig anzuschließen. Der unbenutzte Anschluss wird mit einer M5-Schraube verschlossen. Auf der anderen Stirnseite findet das DBV Platz. Bis jetzt spielt es noch keine Rolle, ob es sich um einen offenen oder geschlossenen Umlauf handelt. Dank der kompakten Bauweise wird keine separate Verbindung vom DBV zum Tank benötigt, da das Öl gleich in der Anfangsplatte in den Rücklauf der Ventile (T) geleitet wird. Auch lässt sich das DBV bei einem Problem leicht ausbauen, ohne dass Öl ausläuft. Die vier Bohrungen von 3,2 mm sind zur Montage an das erste Ventil vorgesehen.

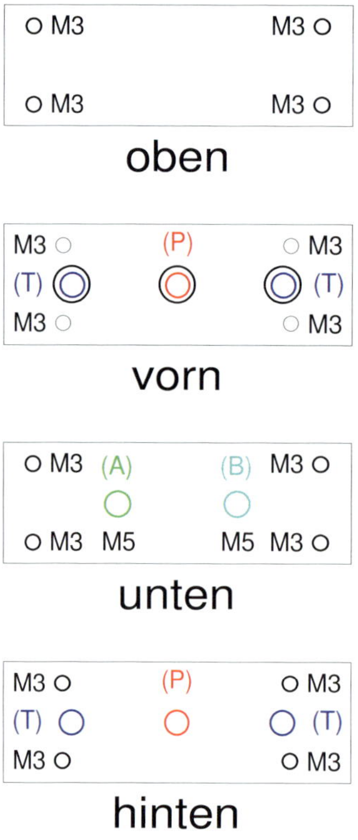

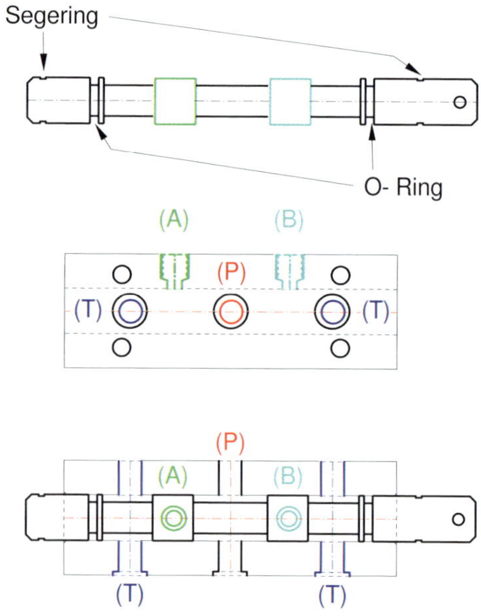

Zeichnung 6: Ventil mit M3 Gewinde, geschlossener Umlauf

7.2.3 Bau von Ventilen (offener Umlauf)

Jetzt muss zwischen offenem und geschlossenem Umlauf entschieden werden. Das Ventilgehäuse ist jeweils das gleiche. bis auf die mittlere Bohrung. Die wird beim offenen Umlauf nur 2 mm sein und nicht 4 mm. Sonst bekommt man mit den Außenmaßen Probleme. Die Schieberstangen sind unterschiedlich.

7.2.4 Standard Ventil mit geschlossenem Umlauf

Das Ventilgehäuse besteht auch aus Messing, mit den Abmessungen 58×20×20 mm. Es wäre auch denkbar, das Gehäuse aus Aluminium zu fertigen. Man müsste aber ein Messingrohr als Laufbüchse einkleben, da sich im Alu gerne vom Ölfluss Riefen einfressen. Für die innere Leckage sicher eine der besten Fertigungsarten. Denn bei der Schieberbohrung in Messing kann man nur mit einer Reibahle eine ausreichend glatte Oberfläche erzielen.

Messing ist ein sehr sprödes Material und lässt sich nur mit Schleifen zu einer sehr feinen und glatten Oberfläche bearbeiten. Was unterscheidet die Innenfläche eines Messingrohrs von der einer geriebenen h7-Bohrung? Werner Stegmair erklärte es so: Die Rohre werden mittels Strangpressverfahren im heißen Zustand hergestellt. Dadurch wird das Material nicht zerspant, sondern geschmiedet. Somit bekommt es eine überaus glatte und homogene Oberfläche, die sonst nur mit großem Aufwand hergestellt werden kann.

Wenn man ein überaus dichtes Ventil möchte, müsste man bei einer Fertigung der Ventile aus Messing auch ein Rohr einkleben. Warum dann teures Messing nehmen, und nicht gleich Alu, wenn man eh ein Rohr einkleben muss? Richtig, die Wärmeausdehnung sollte berücksichtigt werden. Ungleiche Materialien, verhalten sich unterschiedlich bei Temperaturschwankungen. Man kann sich ein Thermometer vorstellen, das aus Bimetall besteht. Der Name verrät es ja schon, denn es besteht aus zwei verschiedenen Metallen. Durch die verschiedenen Ausdehnungen, krümmt es sich.

Was hat das den jetzt mit dem Ventil zu tun? Wenn nun das Gehäuse aus Alu besteht, die Schieberstange aus Messing, wirkt sich das so aus: Bei 15° klemmt die Stange, bei Erwärmung der Hydraulik auf z.B. 35° bildet sich eine große innere Leckage, da sich Alu viel stärker ausdehnt als Messing. Darum fertige ich meine Ventile, ausschließlich aus Messing und nehme das höhere Gewicht, sowie auch die Kosten in Kauf.

Abbildung 53: Ventilgehäuse und Schieber

Abbildung 54: Ventilgehäuse mit eingeklebtem Rohr

Abbildung 55: Ventilblock mit 14 Ventilen (Kran Effer 1750)

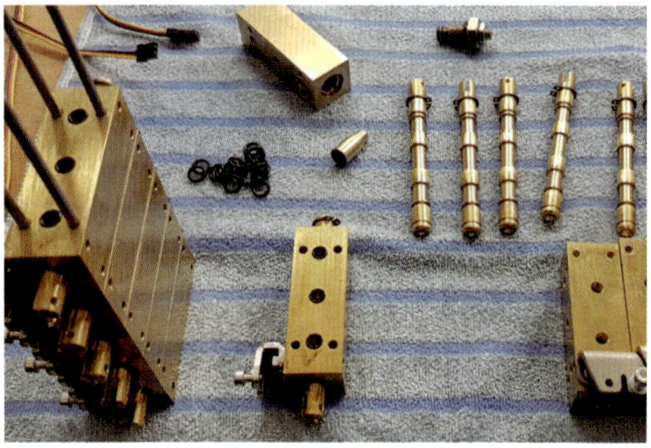

Abbildung 56: Ventilblock zusammenbauen

Ein Rohr klebe ich nur dann ein, wenn ich ein Absacken der Zylinder vermeiden möchte. Da wo es nicht wichtig erscheint oder wo es sowieso ein hydraulisch entsperrbares Rückschlagventil gibt, kann die Bohrung h7 gerieben werden. Werden aber mehr als drei bis vier Ventile zu einem Block verbunden, empfiehlt es sich, die Ventile mit eingeklebtem Messingrohr zu wählen. Sonst muss die Pumpe im Ruhezustand mit erhöhter Drehzahl laufen, um bei zu großer innerer Leckage den Druck halten zu können.

Bei eingeklebten Rohren, kann man bis zu 20 Ventile ohne großen Verlust aneinanderreihen.

Ein wichtiger Punkt bei der Fertigung der Gehäuse: Zuerst die Schieberbohrung ausführen und erst dann die anderen Bohrungen. Sonst kann es passieren, dass der Bohrer verläuft. Jede Seitenbohrung, die der Bohrer passiert, bringt ihn etwas aus der Richtung.

Wichtig ist noch, dass das erste Ventil M3-Bohrungen bekommt, sodass man auf der einen Seite das DBV mittels M3-Schrauben befestigen kann. Auf der anderen Seite dann die Gewindestangen für die angereihten Ventile.

Zur Abdichtung der einzelnen Ventile untereinander oder gegen die Anfangsplatte, werden O-Ringe verwendet. Darum gibt es jeweils auf einer Seite eine kleine Vertiefung. Für die Anschlüsse der Druckleitungen zu den Zylindern werden M5- oder M3-Gewinde geschnitten, um mit den verschiedenen Anschlüssen weiter zu fahren. Ein Tipp: Die Bohrungen für die Zylinderanschlüsse zunächst nur 2 mm stark bis in die Schieberbahn bohren und dann nur den äußeren Teil der Bohrung für die M5/M3-Anschlüsse erweitern. So hat man auf einfache Weise eine Durchflussregulierung für das Öl eingebaut, die eine feinfühlige Ansteuerung der Ventile erlaubt. Die vier anderen M3-Gewindebohrungen stehen für die Befestigung von Sperrventilen oder Anlenkstangen zur Verfügung.

Die Schieberstange wird aus einem 8-mm-Rundstab aus Messing gedreht. Beim Einpassen in das Ventil, sollte man darauf achten, dass sie nicht klemmt. Sonst mit 500er Schleifpapier auf der Drehbank etwas überschleifen, bis sie sauber im Ventilgehäuse gleitet.

Bei der Steuerkante kann man jetzt die Tabelle (9) zu Hilfe nehmen, um das Steuerverhalten zu optimieren. Mit einer kleinen Fase wird die Ansteuerung, besonders bei kleiner Öffnung (P), feinfühliger.

7.2.5 Standard Ventil mit offenem Umlauf

Beim Offenen Umlauf ändern sich nur die Schieberstange und die mittlere Bohrung für (P), die nur 2 mm stark sein darf, um genügend Überdeckung zu gewährleisten.

Die Schieberstange erhält in der Mitte eine

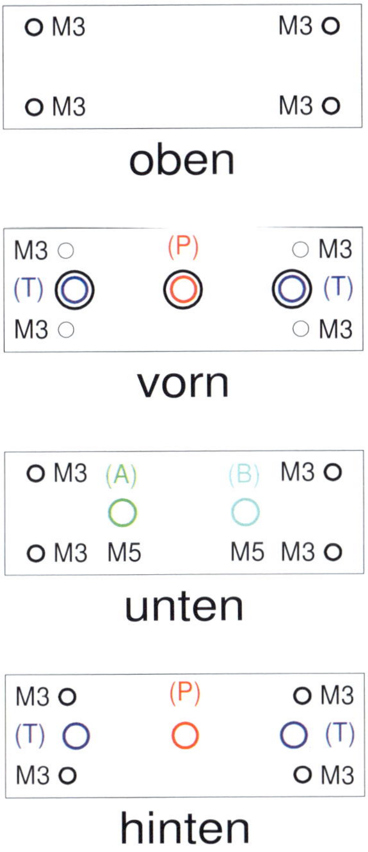

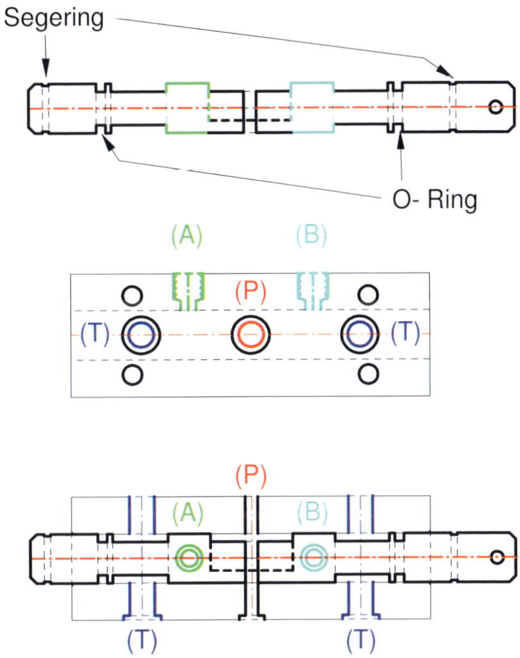

Zeichnung 7: 1. Ventil mit M3-Gewinde, offenem Umlauf

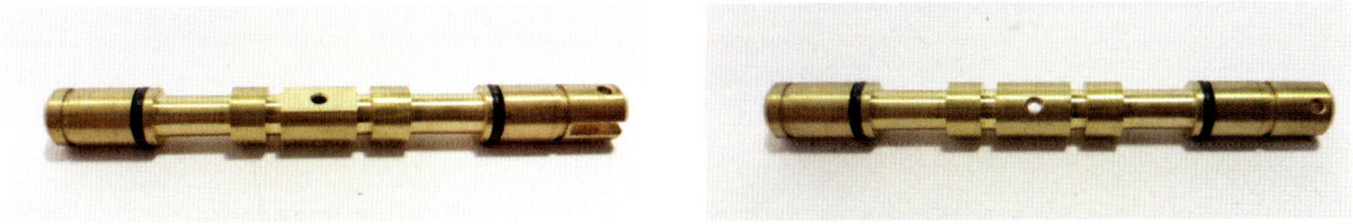

Abbildung 57: Schieberstange für offenen Umlauf

2-mm-Bohrung, durch die das Öl drucklos hindurch laufen kann. Die Vertiefung zwischen den beiden Anschlüssen der Zylinder (A+B), wird nur 2/3 gefertigt, sodass wenn die Schieberstange betätigt wird, die mittlere Bohrung (P) schließen kann und somit sich der Druck aufbauen kann.

Im Übrigen sehen die beiden Arten von Ventilen fast identisch aus. Die Idee dahinter war, dass man Ventile mit offenem Umlauf in ein geschlossenes System umwandeln kann,

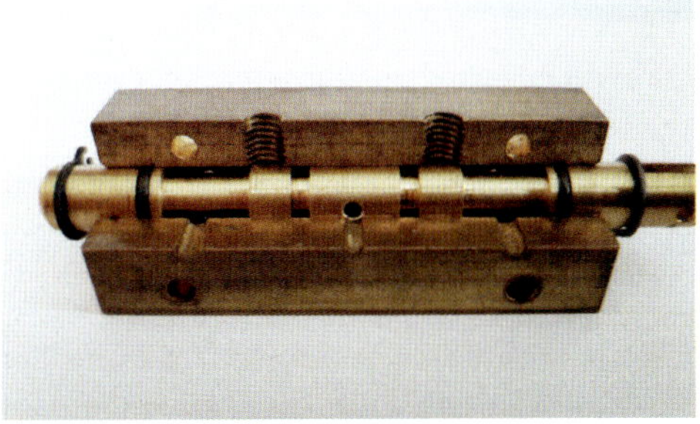

Abbildung 57: Demo-Ventil für offenen Umlauf

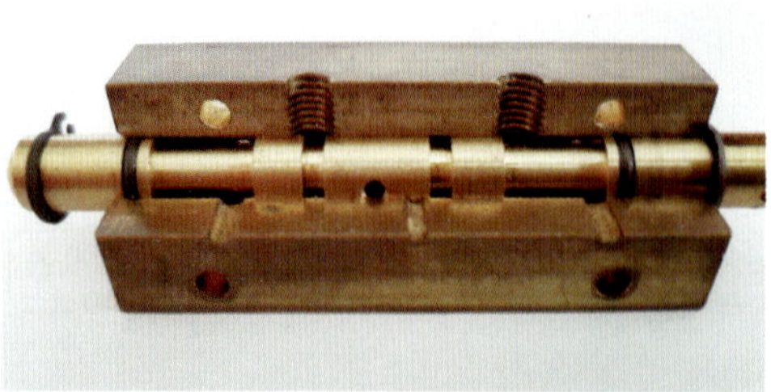

Abbildung 58: Demo Ventil für offenen Umlauf (Ventil im Druckaufbau, Ölfluss geschlossen)

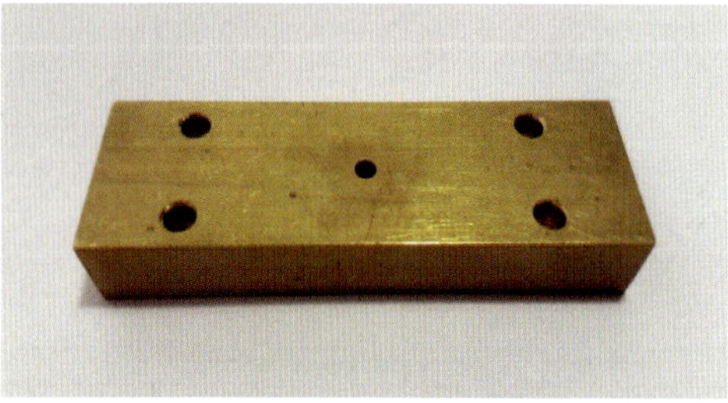

Abbildung 59: Endplatte mit offenem Umlauf

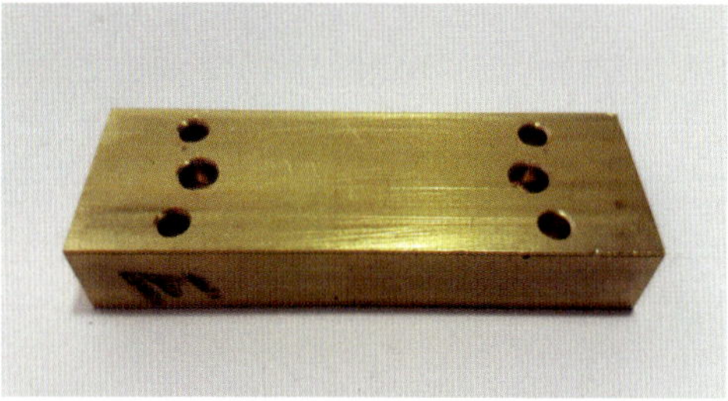

Abbildung 60: Endplatte mit geschlossenem Umlauf

indem man nur die Schieberstange ersetzt. So wie die mittlere Bohrung (P), aufbohren kann, bei grösserem Volumenstrom.

7.2.6 Endplatte mit offenem Umlauf

Die Endplatte beim offenen Umlauf hat die gleichen Maße wie die Ventile, ist jedoch nur 10 mm stark. In der Zeichnung 8 sieht man, dass die Bohrungen (T) nicht mehr durch die ganze Platte gehen, sondern in einem Sammelkanal enden, von wo aus das Öl in den Tank geleitet wird. Auch hier gibt es wieder mehrere Bohrungen für Rücklauf-Anschlüsse. Nicht benutzte Bohrungen müssen mit einer M5-Schraube dicht verschlossen werden.

7.2.7 Endplatte mit geschlossenem Umlauf

Beim geschlossenen Umlauf, fällt nur die mittlere Bohrung weg, sodass sich das Öl anstauen kann um den Druck aufzubauen.

Im Fall eines Umbaus vom offenen Umlauf zu einem geschlossenen, kann die mittlere 2-mm-Bohrung entweder zugelötet oder mit einer M3-Schraube und Loctite 638 verschlossen werden.

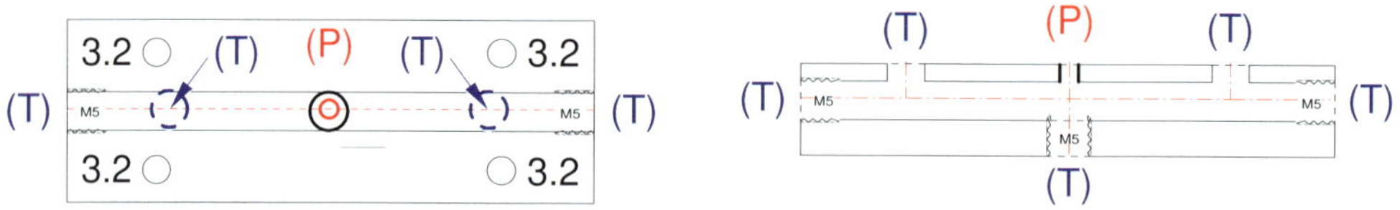

Zeichnung 8: Endplatte mit offenem Umlauf

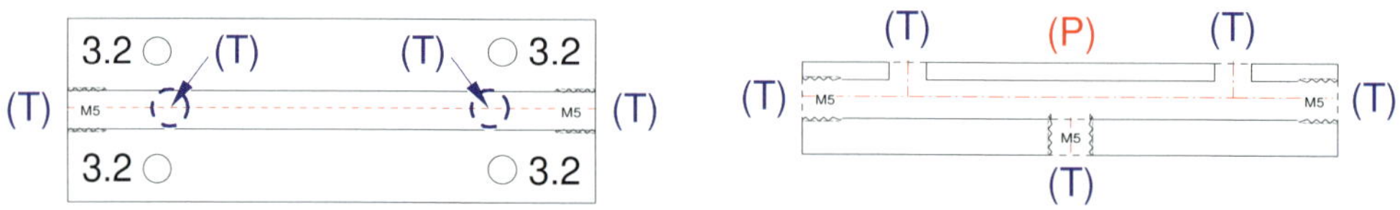

Zeichnung 9: Endplatte mit geschlossenem Umlauf

Zeichnung 10: Doppelwirkender Zylinder (Schnitt)

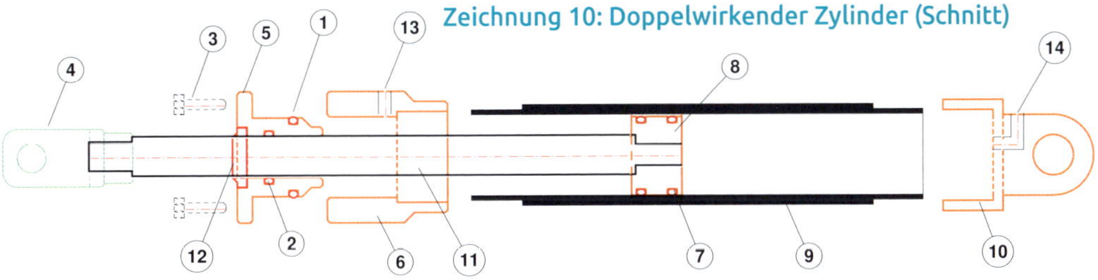

7.3 Bau von Zylindern

7.3.1 Doppeltwirkender Zylinder (verschraubt/gelötet)

Der Bau eines doppeltwirkenden Hydraulikzylinders gestaltet sich relativ einfach. Er besteht im Wesentlichen aus sechs verschiedenen Drehteilen. Natürlich kann man einen Zylinder auch sehr aufwendig fertigen, mit integrierten Sperrventilen oder Absenkdrosseln etc. Hier geht es nur darum, einen gebrauchsfähigen Zylinder zu erstellen.

Im ersten Schritt bestimmt man die Größe des benötigten Zylinders und erstellt eine Zeichnung mit den benötigten Maßen und den verschiedenen Funktionspositionen, die für die geplanten Bewegungen erforderlich sind. Passen alle Daten, kann das benötigte Material beschafft werden. Ich bevorzuge Messing, da es sich leicht bearbeiten lässt. Auch die Herstellung von Verbindungen reicht vom einfachen Kleben, bis hin zum Weich- oder Hartlöten. Durchaus besteht auch die Möglichkeit, Stahl oder rostfreien Stahl zu verwenden, was aber eine aufwendigere Bearbeitung bedingt. Von der Festigkeit her erfüllt Messing seine Zwecke ausreichend. Jetzt kann mit dem Zuschneiden der verschiedenen Teile begonnen werden.

Als erstes längen wir das Messingrohr (9) ab, sowie auch deren Verbindungen (5-6-10).

Danach werden aus einem Vollmessingstab das Kopfstück (5+6), sowie das Fußstück (10) abgelängt. Als letztes Teil schneiden wir den Kolben (7) aus einem dünneren Stab, damit nicht so viel Material abgedreht werden muss. Zum Schluss, bleibt noch die

Abbildung 61: Materialzuschnitt

Kolbenstange. Dazu verwendet man am besten hartverchromte Stahlstäbe, die von 6 mm Durchmesser an im Handel erhältlich sind. Für kleinere Durchmesser muss man sich an den Modellbaufachhandel wenden. Nun beginnt die Bearbeitung. Zuerst wird vom Zylinderrohr auf der Drehbank an beiden Enden auf einer Länge von ca. 2/3 des Rohrdurchmessers eine Abstufung von etwa einem halben Millimeter Stärke abgedreht. Das Kopfstück (6) wird auf das vorgesehene Außenmaß abgedreht. Danach bohrt man die Durchgangsbohrung mit einem dünneren Bohrer als die Kolbenstange (11) dick ist. Wenn möglich, ca. 1-2 mm dünner. Nun wird die Vertiefung für die Aufnahme des Zylinderrohrs ausgedreht. Von der Tiefe um etwa 0,5-1 mm kürzer als die Länge vom abgedrehten Zylinderrohr. Im Durchmesser ca. 0,1 mm grösser, sodass das Lötzinn kapillar einfließen kann.

Auf die gleiche Weise fertigt man das Fassstück (10), und bringt die Bohrungen

Abbildung 62: Einsatzmöglichkeiten bei einem Kran

Abbildung 63: Einsatzmöglichkeiten bei einem Abrollkipper

für das Öl an. Nun werden diese drei Teile miteinander verlötet. Im nächsten Schritt drehen wir das Kopfstück fertig. Mittels Innendrehstahl wird die Bohrung erweitert, bis das Abschlussstück (5) passt. Die Anschlussbohrung für die Hydraulikleitung (13) wird in M3 oder M5 eingebracht, oder bei einem gelöteten Anschuss entsprechend angepasst.

Nun kommt der etwas aufwendigere Teil: Das Abschlussstück (5) mit den Dichtungselementen. Zuerst wird der „Zapfenteil" so abgedreht, dass er ohne Spiel in das Kopfstück (6) passt. Die Innenbohrung erfolgt später. Die Nut für den O-Ring (1) wird nach der Tabelle (10) gedreht. Wenn die zwei Teile satt ineinander gehen, werden noch die Bohrungen (3) für die Befestigung der beiden Teile angebracht, in der Anzahl entsprechend dem Original oder nach Platzbedarf. Wenn beide Teile fest verschraubt sind, wird die Bohrung noch auf Kolbenstangenmaß mit einem Spiel von 0,05-1 mm ausgedreht. Zuletzt erfolgt noch der Inneneinstich für den O-Ring zur Stangenabdichtung. Je nach Bedarf und Einsatz des Modells wird ein Abstreifring (12) erforderlich, um Verschmutzungen vom Inneren des Zylinders fernzuhalten. Auf dem Markt gibt es davon eine große Auswahl. Der vorhandene Platz ist maßgeblich für die Wahl des Rings. Falls der Einbau eines Abstreifringes nicht möglich ist, kann ein zusätzlicher O-Ring (2) diese Funktion übernehmen, was sich gut bewährt hat.

Nun bleiben noch die Stange (11) und der Kolben (8). Die Stange erhält auf der Kolbenseite ein Gewinde, die andere Seite wird dem Stangenauge angepasst. Hier in der Zeichnung ein M4-Gewinde für einen gewöhnlichen Gabelkopf (4). In den rohen Kolben (8) wird das entsprechende Gewinde wie auf der Stange geschnitten. Mittels Loctite 638 hält es den Kolben sicher auf der Stange und dichtet ihn zugleich ab.

Als letztes wird der Kolben mit der Stange auf den Innendurchmesser des Zylinderrohrs gedreht, wieder mit 0,05-0,1 mm Spiel. Jetzt fehlen noch die beiden O-Ring-Nuten entsprechend Tabelle 10. Zuletzt steht nur noch der Dichtheitstest an. Für diesen Test bietet sich ein Grundaufbau einer Hydraulikanlage an, wie sie in Kapitel 5.6 beschrieben wurde.

7.3.2 Gleichlaufzylinder

Diese Zylindervariante unterscheidet sich in der Fertigung dadurch, dass zwei Kopfstücke gebaut werden und kein Fassstück.

Der Rest ist in den Arbeitsabläufen genau gleich. Die einzige Schwierigkeit ist die Fluchtung beim Umspannen im Backenfutter, wenn man die beiden Kopfstücke bearbeitet. Da kommt die Präzision der Drehmaschine zum Vorschein. Beim mittig angebrachten Kolben, zeigt sich die Fluchtung etwas einfacher. Man nimmt eine Kol-

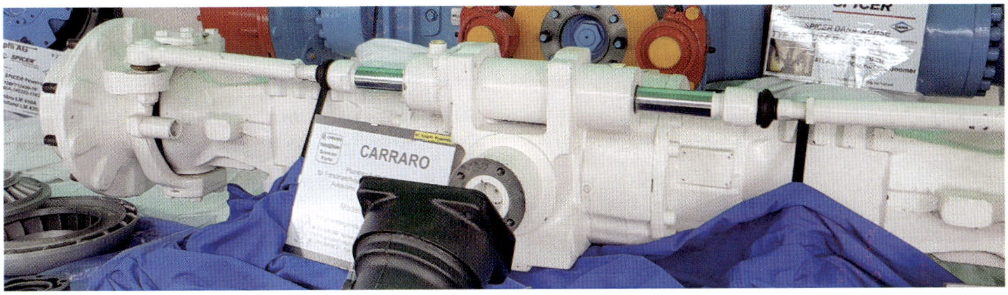

Abbildung 64: Gleichlaufzylinder (Original)

benstange über die ganze Breite und schiebt den gefertigten Kolben, über die Stange zur Mitte. Zur Befestigung kann geklebt, gelötet oder verstiftet werden. Beim verstiften sollte der Spalt abgedichtet werden, sonst leckt er von der einen Kammer zur anderen.

7.3.3 Stufenzylinder

Der Aufbau gestaltet sich etwas aufwendiger, da er aus mehreren Teilen mit unterschiedlichen Dimensionen besteht. Jede Stufe hat zwar ein anderes Maß, aber das Bauprinzip bleibt gleich. Im Original sind die verschiedenen Ringe (5) geschraubt, sodass man die Zylinder komplett zerlegen kann. Im Modell ist es etwas schwieriger, eine Schraubverbindung herzustellen, da die Materialstärken

Abbildung 66: Teleskop-Zylinder

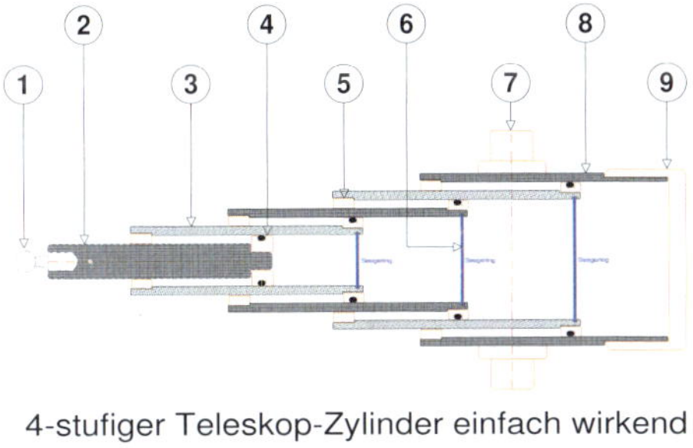

Zeichnung 11: Stufenzylinder

Abbildung 65: Grundkörper

sehr gering sind. Darum löte ich die Kopfringe (5), wie auch die Fußringe (4) mit den O-Ringen ein. Für einen korrekten Anschlag im Zylinderrohr (3), wird das Rohr am Kopf (5) 0,5 mm innen auf die Ringlänge ausgedreht und entsprechend am Fuß außen um 0,5mm abgedreht. Dadurch können sich die Ringe beim Löten nicht verschieben. Der Zylinder erhält an der Fußseite (6) innen noch einen

Abbildung 67: Teleskop-Stufe

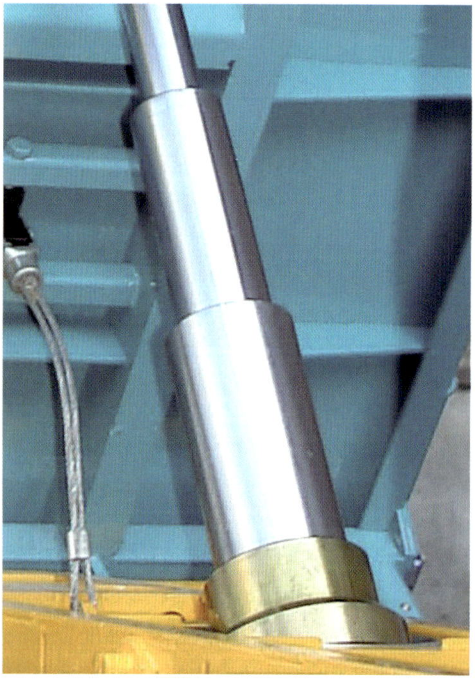

Abbildung 68: Teleskopzylinder verchromt

Einstich für einen Seegering, sodass die äußeren Zylinder beim Einfahren, nicht durchrutschen.

Es ist nicht sicher, dass sich beim Einfahren jeweils immer der kleinere Zylinder zuerst in den nächst größeren schiebt. Somit wird gesichert, dass sich die einzelnen Stufen, nur bis zum Seegering zusammenschieben. Wenn alle Teile gefertigt sind, werden sie an einen Galvaniseur gegeben, der außen eine Hartchromschicht aufträgt.

Dies nicht nur wegen der Optik, sondern insbesondere auch wegen der Gleitfähigkeit und der Standfestigkeit des ganzen Zylinders. Je feiner die Oberflächenbeschaffenheit, desto weniger Abrieb an der O-Ring-Dichtung und somit auch eine erheblich längere Dichtigkeit. Bezüglich des Spiels zwischen den einzelnen Stufen, muss man sich etwas hintasten. Es sollte zwar so klein sein, dass es dichtet, aber nicht zu eng, dass die Reibung zu groß ist. Der Zylinder muss ja nur durch die Last der leeren Kippbrücke zusammengedrückt werden können.

Wenn alle Teile bereitliegen, geht es an den Zusammenbau. Auf die erste Stufe (2) wird der passende O-Ring aufgezogen, geölt und in die zweite Stufe (3) geschoben. Als nächster Schritt, den Seegering in die zweite Stufe (3) klemmen usw. – Stufe für Stufe. Zum Schluss wird noch der Deckel (9) aufgelötet. Beim Löten muss man darauf achten, dass die O-Ringe nicht zu warm werden. Durch herausziehen der einzelnen Stufen kann man das in Grenzen halten. Wichtig ist ein großer Brenner, der schnell große Hitze aufbringen kann, sodass der Lötvorgang so kurz wie möglich gehalten werden kann. Danach den Zylinder „kopfüber“ so schnell es geht in einem Becher Wasser vorsichtig abkühlen.

Dabei darauf achten, dass die Lötnaht selbst nicht unter Wasser gerät, da sonst Spannungsrisse in der Lötstelle entstehen können. Das wiederum schwächt die Verbindung auf Dauer.

Die aufwendigere Art, der Verbindung ist

Abbildung 70: Teleskopzylinder ausgefahren

Abbildung 69: Teleskopzylinder eingefahren

die Verschraubung. Ihr Vorteil liegt in der einfachen Montage, sowie Demontage des Deckels bei einem Dichtungswechsel. Das Schwierige daran ist ihre Fertigung. Sie setzt eine Drehbank mit Gewindeschneidevorrichtung und natürlich das Know-how, dafür voraus.

7.4 Hydraulisch entsperrbare Rückschlagventile

7.4.1 Aufbauventil zum Standard Ventil

Durch die einfache Fertigung der Schieberventile ist es schwierig, die innere Leckage vollständig zu verhindern. Um Abhilfe zu schaffen benutzt man Sperrventile. Bei Kranmodellen oder sonstige Anwendungen, bei denen kein Verlust auftreten darf, sind diese ohnehin erforderlich. Es ist leichter ein zusätzliches Sperrventil zu bauen, als ein dichtes Hydraulikventil.

Das Ausgangsmaterial ist wiederum ein Messingblock mit den Massen 58×20×12 mm (1).

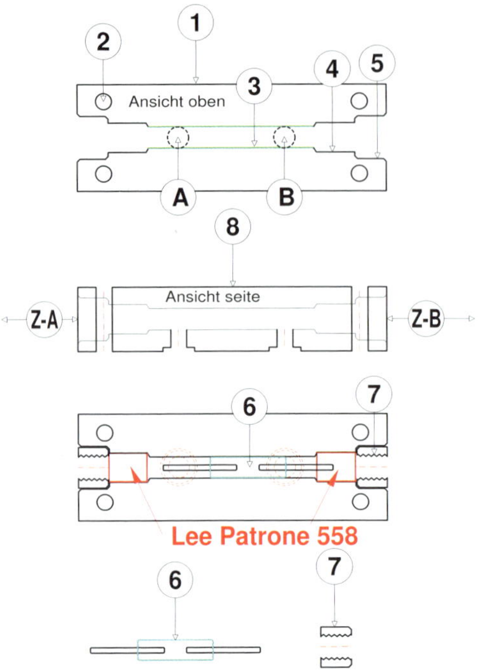

Zeichnung 12: Hydraulisch entsperrbares Rückschlagventil

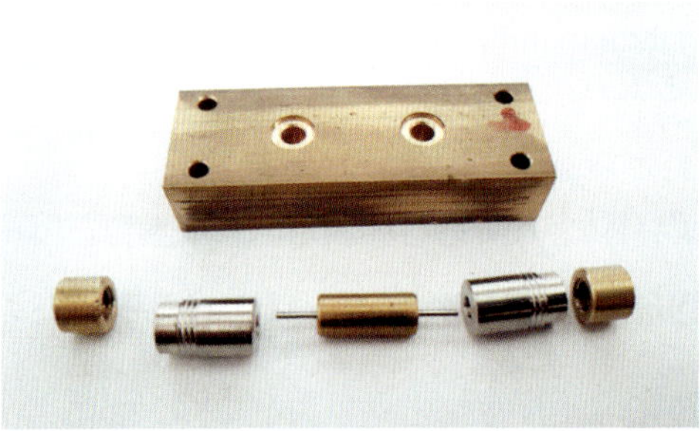
Abbildung 72: 3er-Ventilblock mit entsperrbaren Rückschlagventilen

Als Erstes fertigen wir die Durchgangsbohrung h7 (in der Zeichnung grün) mittig längs durch den Block. Jetzt kommt wieder die Reibahle zum Einsatz, da mit einem Spiralbohrer die Passung nicht zu erreichen ist. Es ist noch wichtig, vor der ersten Bohrung die Ventilgehäuse zu kennzeichnen, sodass sie alle in gleicher Richtung in den Schraubstock gespannt werden können. Sonst kann es zu Abweichungen in der Flucht kommen. Die nächste Vertiefung wird der Sitz vom eigentlichen Sperrventil sein (4). Die Ventilpatrone ist ein Zukaufteil von LEE Hydraulische Miniaturkomponenten GmbH, mit der Bezeichnung CCRM 255024S Typ 588 5,5 mm. Diese Bohrung (4) kann mit einem gewöhnlichen Bohrer erfolgen. Die Bohrtiefe und das Maß müssen auf die jeweilige Patrone abgestimmt sein, in diesem Fall eine 5,6-mm-Bohrung.

Wenn beidseits die Bohrung für das Ventil besteht, wird die letzte Vertiefung (5) angefertigt. Da unsere Anschlüsse meistens M3 oder M5 sind, braucht es noch einen Verschlussdeckel (7) mit dem entsprechenden Innengewinde. Dieser wird später mit Loctite 638 eingeklebt, in der Bohrung (5), nachdem das LEE-Ventil eingepresst wird, bei der Bohrung (4).

Nun fehlen noch die Befestigungslöcher (2) zur Fixierung auf dem Schieberventil. Im Schieberventil-Bauplan sind an dieser Stelle M3-Gewindelöcher vorgesehen, weshalb hier auch min. 3 mm gebohrt wird.

Nun fehlen noch die Anschlussbohrungen (A+B), über welche die Verbindung zum Schieberventil hergestellt wird. Auch diese werden mit einem 4-mm-Spiralbohrer gebohrt. Zur Abdichtung zwischen den beiden Ventilen, verwenden wir einen 4×6-mm-O-Ring. Dafür muss noch mit einem 6 mm Schaftfräser eine 6 mm breite Vertiefung auf 0,75 mm Tiefe gefräst werden.

Schließlich noch eines der wichtigsten Teile des Sperr-ventils, der Entriegler (6). Ohne dieses Schiebeteil, würde sich keines der beiden Sperrventile öffnen. Der Öldruck auf Seite (A) drückt den Schieber nach rechts und öffnet das Sperrventil (B), sodass das Rück-Öl in den Tank fließen kann. Umgekehrt öffnet sich das Ventil (A) bei Druck auf der Seite (B). Der Schieber besteht aus einem 4-mm-Messing-Rundstab, der auf einem gehärteten Passstift von 1,5 mm Durchmesser sitzt. Der Schieber muss ohne Widerstand hin und her gleiten. Gegebenenfalls etwas überschleifen, wenn es klemmt. Das Leck-Öl spielt hier keine Rolle, da es ja auf der drucklosen Seite in den Rücklauf fliest.

Beim Zusammenbau ist die Reihenfolge wichtig: Zuerst in eine Seite die LEE-Patrone einpressen. Dazu benutzt man idealerweise eine Dornpresse, aber es geht auch mit einer Ständer-Bohrmaschine oder mit der Drehbank. Dann den Schieber einlegen und die zweite Patrone nur von Hand einsetzen, sodass sie wieder entfernt werden kann. Jetzt das ganze Ventil hin und her schütteln, um zu hören ob der Schieber hin und her gleitet. Er hat nur ca. 1 mm Spiel, was man aber beim Schütteln gut hört. Gegebenenfalls den Schieber nochmals etwas nachschleifen. Wenn der Schieber gut läuft, wird auch die zweite Patrone eingepresst. Zum Schluss werden die Stopfen (7) (Muffen) mit Loctite eingeklebt. Dabei unbedingt darauf achten, dass nichts in die Patrone läuft.

Eine weitere Möglichkeit, zeigt die Abbildung 72. Der ganze Ventilblock, mit drei Ventilen, wird hier in einem Stück gefertigt, ohne das lästige Aufschrauben der Sperrventile. Dadurch kann wesentlich kompakter gebaut werden, da die Randmaße verkleinert werden können.

Dies ist ein Beispiel für die vielfältigen Gestaltungsmöglichkeiten der einzelnen Hydraulik-Komponenten. Alle Variationen aufzuführen ist nicht möglich und auch nicht sinnvoll. Hier hat die Kreativität des Modellbauers großen Spielraum.

7.5 Mögliche Probleme

7.5.1 Überhitzen des Öls

Ein großes Problem ist die im Betrieb von Hydraulikanlagen entstehende Wärme. Je heißer das Öl wird, desto weniger halten die Kunststoffleitungen dem Druck stand. Bereits der Temperaturanstieg von 20°C auf 40°C, verringert den Betriebsdruck um fast

Abbildung 72: 3er-Ventilblock mit entsperrbaren Rückschlagventilen

50%, damit die Leitungen nicht platzen. Metallrohre sind davon nicht betroffen.

Heißes Öl drückt sich aber auch im ganzen System viel leichter durch alle Ritzen, was zum Druckverlust führt. Dadurch muss die Pumpe mit höherer Drehzahl arbeiten und Öl fördern, um den Verlust zu decken. Dies führt zu höherem Stromverbrauch und zusätzlicher Wärmeproduktion.

Eine Möglichkeit, hohe Temperaturen zu verhindern, bietet das drucklose System.

Hier kann das Öl ohne großen Widerstand durch die Ventile und zurück zum Tank gepumpt werden. Beim geschlossenen System wird es durch das DBV gepresst, wenn keine Ventile geöffnet werden. Diese Reibung bringt die unerwünschte Wärme ins Öl.

Eine Lösung bietet die gleichzeitige Ansteuerung von Ventilen und Pumpe über die RC-Anlage, indem der Pumpenregler mit den Ventilservos verbunden wird. Bei Betätigung eines Servos, welches das Hydraulikventil ansteuert, läuft die Pumpe an und fördert proportional zur Servo-Auslenkung. Somit wird nur die Ölmenge gefördert, die tatsächlich gebraucht wird.

Eine weitere Möglichkeit besteht darin, einen Kühler in den Ölkreislauf einzubauen.

Ähnlich wie bei einem Autokühler wird dabei mit einem Ventilator Luft durch den

Abbildung 73: Aufbau Ölkühler

Abbildung 74: Kühler mit Temperatur-Steuerung

Kühler geblasen, durch den das warme Öl fließt. Über einen Thermoschalter lässt sich der Ventilator ab einer eingestellten Öltemperatur automatisch einschalten.

7.5.2 Kavitation (Schaumbildung im Öl)

Kavitation ist ein potentieller Störfaktor in einer Hydraulikanlage, da sie Schaumbildung im Öl verursachen kann.

Ursache ist die Gasentwicklung im Hydrauliköl bei Unterdruck. Oft geschieht dies innerhalb der Ansaugleitung zwischen Tank und Pumpe. Bei hoher Förderleistung der Pumpe entsteht in einer zu engen Ansaugleitung ein Unterdruck, der zu Blasenbildung im Öl führt.

Da sich die Gasblasen im Öl, anders als Dampfblasen im Wasser, nicht sofort wieder auflösen, werden sie in das Ventil- und Zylindersystem gedrückt und legen durch ihre Komprimierbarkeit alle Funktionen lahm. Schließlich gelangt der Schaum in den Tank und dringt gegebenenfalls aus der Entlüftung. Die Pumpe saugt das Schaumgebilde an und kann es nicht wie ein Luftkompressor verdichten, sodass ein Systemdruck entsteht. Das bewirkt, dass das ganze Hydrauliksystem keine Leistung mehr hat.

Auch auf der Druckseite kann es zu Gasbildung durch Kavitation kommen, wenn Öl unter hohem Druck aus einer sehr engen Leitung in eine weite Leitung geführt wird.Bei unserer Modellhydraulik kommt zu 99% nur die erste Variante von Kavitation vor.

Die beste Vorbeugung ist die ausreichende Dimensionierung der Ansaugleitung mit mindestens 6-8 mm. Bei größeren Modellen natürlich noch größer. Ist einmal Schaum im System, hilft nur abstellen und abwarten, bis sich die Gase wieder mit dem Öl gebunden und beruhigt haben.

Richtige Luft findet sich nur im Öl, wenn sie bei zu niedrigem Ölstand im Tank angesaugt wird, oder bei Undichtigkeiten im Leitungssystem.

7.5.3 Innere Leckage

Weitere Ursachen für mangelhaften Druckaufbau sind innere Leckagen. Diese entstehen durch die Fertigungstoleranzen, insbesondere von Ventilen und Zylindern. Durch die geforderte Gleitfähigkeit der Bauteile gegeneinander sind Öl- und damit auch Druckverluste unumgänglich. Dadurch ist die Reduktion der Spaltmaße auf ein Minimum essentiell, besonders bei Anlagen mit vielen Komponenten.

Aber auch bei den verschiedenen Hydraulikpumpen sind die Toleranzen allgegenwärtig. Da lohnt es sich etwas mehr auszugeben, um ein qualitativ gutes Produkt zu erwerben. Ansonsten beginnt der Verlust bereits am Anfang des ganzen Hydraulikaufbaus.

Bei gewissen Pumpen, wird eine erhöhte Pumpendrehzahl gefordert, um die innere Leckage im Verhältnis zum Wirkungsgrad hoch zu halten.

8. Fördermengenregulierung über die RC-Steuerung

Die Regulierung der Hydraulik im Modell über die RC-Anlage ist immer wieder eine Herausforderung.

Da die meisten Anbieter von Fernsteuerungen fast ausschließlich Steuerungen für Modellflugzeuge entwickeln, ist es für uns Funktionsmodellbauer etwas verwirrend die Begriffe aus dem Flugmodellbau auf unsere Modelle umzusetzen. Wie verwende ich z.B. die Funktion „Seitenruder" bei einem Bagger?

Einige Hersteller haben angepasste Steuerungen in Kleinserien entwickelt, allerdings mit dem Nachteil höherer Preise. Wenn man sich aber einmal mit den Bedienungsanleitungen von RC-Anlagen für Flugmodelle auseinander setzt, entdeckt man durchaus Möglichkeiten, damit eine Modellhydraulik zu steuern.

In den meisten RC-Anlagen finden sich sogenannte Mischer, über die man die Funktionen der Hydraulik beimischen kann. Damit kann man z.B. erreichen, dass die Pumpe erst anspringt, wenn ein Ventil betätigt wird. Aber auch einen Motorensound kann man dazu mischen. Auch für den Pumpennachlauf wird man im Bereich Mischer fündig.

Bei Graupner Anlagen, mit denen ich ausschließlich vertraut bin, heißen diese freie, Linear- oder Kurvenmischer.

Auf den Bildern sieht man bei einer MC32 Anlage von Graupner, wie das aussehen kann.

Abbildung 75: RC-Steuerung Graupner MC32 Schritt 1

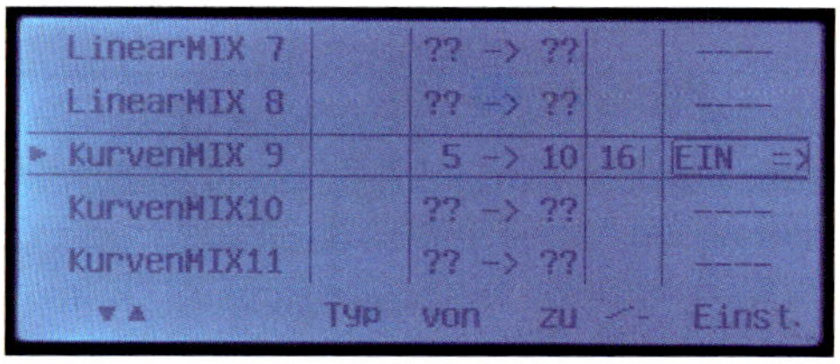

Abbildung 76: RC-Steuerung Graupner MC32 Schritt 2

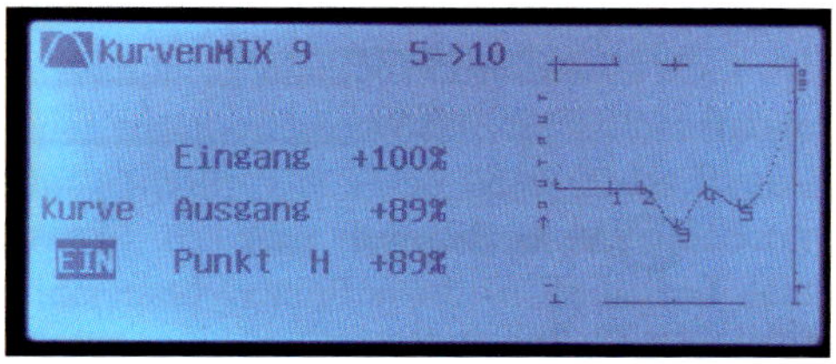

Abbildung 77: RC-Steuerung Graupner MC32 Schritt 3

Die weitere Programmierung muss ich leider dem Leser überlassen, da nicht jeder über genau diese Anlage verfügt. Aber egal welche Computer-RC-Anlage zur Verfügung steht, es wirdin irgendeiner Art und Weise eine solche Möglichkeit geben.

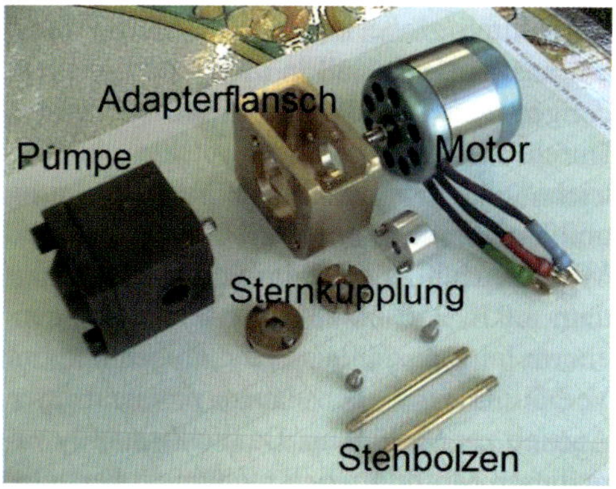

Abbildung 79: Hydraulikpumpe ©Werner Stegmair, 2007

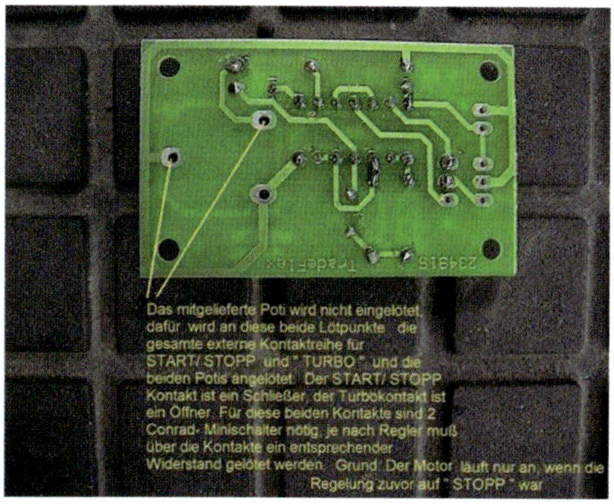

Abbildung 80: Elektronikprint ©Werner Stegmair, 2007

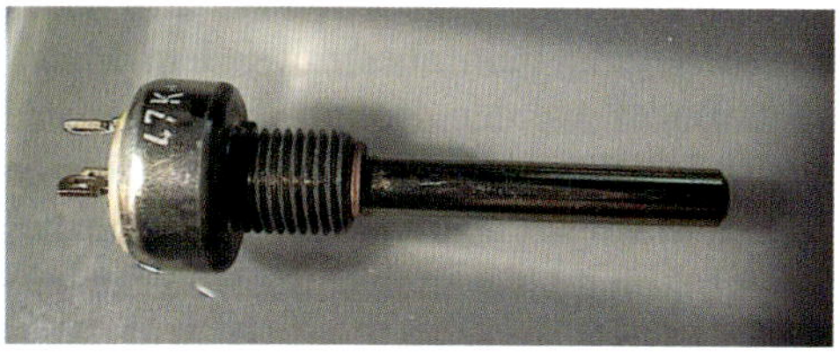

Abbildung 81: Potentiometer ©Werner Stegmair, 2007

erstens den Motor zuverlässig unter Last aus dem Stand anzieht und zweitens absolut teillastfest ist durch seinen „aktiven Freilauf“ Aber möglicherweise gibt es noch andere Regler, die diese Kriterien erfüllen, kann jeder gerne austesten. Als Preisrichtlinie kann mit 150 € für den Motor, 50-70 € für einen gebrauchten und 150 € für einen neuen Regler kalkuliert werden.

Bemerkung: Ein einzelnes Kardangelenk zwischen Pumpe und Motor ist ungeeignet, da es keinen Fluchtungsfehler ausgleichen kann.

9.3.2 Servotester und Regelpotentiometer

Das abgebildete Poti 47kΩ mit logarithmischer Kennlinie ist eine Keramikausführung der Firma Preh. Leider gibt es diese Firma nicht mehr, vielleicht sind noch bei einem kleinen Händler Restbestände zu finden. Andernfalls muss nach einer Alternative gesucht werden. Entscheidend ist die solide Lagerung der Achse und die Haltbarkeit des Schleifers, da diese Teile sich während des Betriebs fast ununterbrochen bewegen.

Man mag es nicht für möglich halten, das Preh-Poti läuft nun schon seit 10 Jahren ohne Defekt in meinem Bagger. Mit der logarithmischen Kennlinie kann das Ansprechverhalten zusätzlich beeinflusst werden. Das mit dem Regelpoti (6) in Reihe geschaltete 10kΩ Einstell-Poti (7) wird an einem beliebigen Platz eingebaut, damit es gut zugänglich ist. Es kann vorkommen, dass während des Betriebes einmal nachreguliert werden muss, wenn die Akkus eine starke Spannungsdrift zwischen voll und leer haben.

9.3.3 Mengenbegrenzer

Da die Drehzahl des Motors und damit die Fördermenge der Pumpe so berechnet wird, dass alle Hauptarbeitsfunktionen zusammen, also bei Baggern Ausleger, Stiel und Löffel und bei Radladern heben, kippen und lenken zumindest im lastlosen Zustand zugleich ablaufen können, würde eine jede Einzelfunktion viel zu schnell arbeiten. Man kann sich vorstellen, dass eine Menge, die vier Zylinder zugleich füllt, einen einzigen in kürzester Zeit von Anschlag zu Anschlag bringt.

Da dies nicht gewünscht wird, muss die geförderte Ölmenge zu den einzelnen Zylindern oder Zylinderpaaren mengenmäßig gedrosselt werden. Der Kegel des Ventils ragt in eine abgesetzte Bohrung und verschließt sie so mit zunehmendem Durchmesser immer mehr. Die Ventile werden einzeln nacheinander eingestellt, bis jede Funktion in der gewünschten Geschwindigkeit abläuft.

Werden nach der Einstellung alle Wegeventile geöffnet, so sollte das Manometer noch einen Restdruck anzeigen, der jedoch individuell verschieden sein kann. Das gewährleistet auf jeden Fall, dass alle Funktionen zugleich genug Öl bekommen. Das Ventil ist vorzugsweise gleich in den Steuerblock einzubauen, am einfachsten in die P-Bohrung, die den jeweiligen Schieber versorgt. Die technisch beste Lösung wäre allerdings, das Ventil immer in den Ölstrom einzubauen, der durch hohe Last nach unten gedrückt werden kann. Beim Bagger sind das in der Regel die Kolbenfläche der Auslegerzylinder und die Ringfläche des Stielzylinders. Beim Radlader wäre das in erster Linie die Kolbenfläche der Hubzylinder.

Der Grund ist, dass z. B. der Ausleger oder beim Radlader die Hubschwingen zu schnell nach unten gehen, wenn sich noch eine hohe Last in der Schaufel oder dem Löffel befindet. Es wird die Menge des Öls über den (reduzierten) Eingang P nicht ausreichen und der Zylinder würde auf der gegenüberliegenden Seite des Kolbens einen Unterdruck ziehen, sodass das Öl aufschäumt. Das sei nur am Rande erwähnt, weil es relativ selten vorkommt.

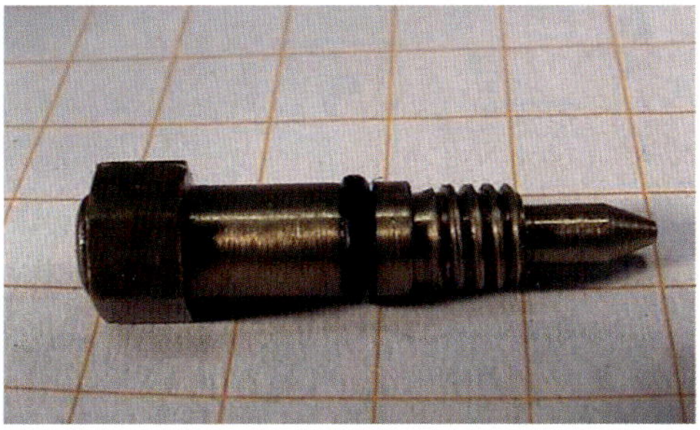

Abbildung 82: Nadelventil ©Werner Stegmair, 2007

9.3.4 Regelzylinder

Der Regelzylinder ist mit dem Mengenbegrenzer das einzige Teil, das es nicht zu kaufen gibt. Deshalb wird der Eigenbau hier etwas deutlicher beschrieben. Die Kraft der Feder richtet sich nach dem gewünschten Systemdruck, sie sollte aber eher zu stark bzw. hart sein, als zu weich. Der Teufel liegt hier wie immer am Detail, der Federngröße. Der Außendurchmesser darf unter keinen Umständen die Zylinderwandung berühren, ein minimaler Luftspalt von mindestens 0,3 mm ist erstrebenswert.

Ausgegangen von einem Systemdruck von 25 bar und einem Rohr-Innendurchmesser von 6 mm müsste die Feder mit einer Kraft von ca. 70 N bis zum Anschlag zusammengedrückt sein, bei 8-mm-Rohr wären es schon 120 N, bei 10-mm-Rohr 196 N und bei 12-mm-Rohr 280 N. Darüber hinaus ist in diesem Zusammenhang auch zu berücksichtigen, dass beim sogenannten „TURBO“ kurzzeitig ein wesentlich höherer Druck am Kolben anliegt, der die Feder über ihren natürlichen Anschlag hinaus zusammenpresst. Wird eine Druckfeder oft zusammengedrückt, bis die Windungen anliegen, so wird sie das bald mit vorzeitigem Erlahmen quittieren oder sogar brechen. Dieses könnte u. U. sogar die innere Zylinderwandung zerstören. Aus diesem Grund muss im inneren Bereich der Feder auf die Kolbenstange ein Röhrchen geschoben werden, damit die Windungen nie ganz anliegen können. Der wirksame Kolbenweg ist zugleich der lineare Regelweg und sollte, gemessen am vorderen Kugelgelenk, 9-12 mm betragen, je nach Hebellänge. Um diesen Weg leichter an die Drehbewegung des Regelpotis anzupassen, ist es vorteilhaft, gleich mehrere Bohrungen am Poti-Antriebshebel vorzusehen. Zu diesem Teil ist noch zu sagen, dass der Hebel auf der Poti-Achse geklemmt sein sollte, damit sich auch hier eine Verstellmöglichkeit ergibt. Wenn die (abgelängte) Poti-Achse an ihrer Stirnseite noch einen eingesägten

Abbildung 83: Hydraulik Pneulader ©Werner Stegmair, 2007

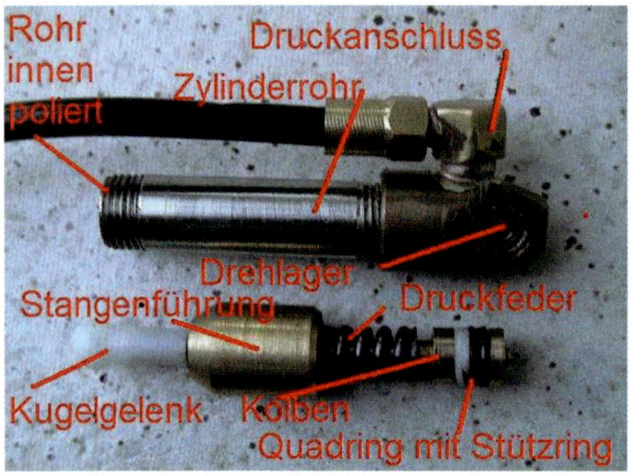

Abbildung 84: Regelzylinder ©Werner Stegmair, 2007

Schlitz bekommt, so lässt sie sich mit einem Schraubendreher leichtgegenhalten. Wird das Gewinde am Kopf lang genug, etwa 10 mm, gewählt, so besteht hier eine weitere Einstellmöglichkeit der Federhärte. Die Kolbenstange muss nicht größer als 2-3 mm im Ø sein, da keine Kräfte übertragen werden.

Kolbendichtung: Bis vor einem Jahr war in meinem Bagger als Dichtung ein Nutring mit Alu-Kolben eingebaut, welcher in einem 12-mm-MS-Rohr lief. Die Lebensdauer dieses Teils konnte aber auf Dauer nicht befriedigen, da sie nur zwischen 1 und 1 1/2 Jahren betrug und meist im ungünstigsten Moment die berühmte Ölsauerei zur Folge hatte. Deshalb und weil mein Nutring-Vorrat zu Ende ging, erneuerte ich den Kolben, sodass sich in eine eingestochene Nut ein Quadring und Teflon-Stützring einschnappen ließen. Ein weiterer Vorteil dieser Kombination ist, dass der Kolben für Reparaturzwecke nicht zerlegt werden muss. Über die Lebensdauer bei Drücken bis 55 bar besteht zurzeit erst eine zweijährige Erfahrung mit dem Ergebnis: Bis jetzt kein Problem. Beim Volvo-Dumper (15-20 bar) ist die Feder seit sechs Jahren im Originalzustand. Ich denke aber, es ist trotzdem ratsam, von der passenden Feder einen Vorrat zu haben.

Achtung: Falls die Motordrehzahl während des Hubs (von normaler Last) heruntergeregelt wird, ist entweder die Feder zu schwach oder zu wenig vorgespannt!

Das Bild zeigt den Regelzylinder des Volvo-Radladers mit einem Kolbendurchmesser von 6 mm und einem Hub von 9 mm. Da die Anlenkung möglichst spielfrei sein sollte, wurde als Drehlager ein Kugellager verwendet. Das Rohr ist aus V2A und hat außen 8 mm, innen 6 mm. Durch die Gewinde könnte es schnell zerlegt werden. Bis heute ist die Betriebszeit zwei Jahre, der Quadring kostet ca. 1 € , der PTFE-Stützring dagegen fast 10 €

9.4 Justierarbeiten am Modell

Dies ist, zugegebener Weise ein schwieriges Unterfangen. Ich will trotzdem versuchen es so gut wie möglich zu beschreiben, die Werte gelten für die mir vorliegenden Regler der Firma Kontronik Typ 3 SL 40-6-18, Typ 40-14-32 , Typ BEAT, Typ JAZZ 40-6 18 , einem Servotester von Conrad Elektronik Nr. 23 49 15-79 und einem logarithmischen Potentiometer 47kΩ Log-Poti deshalb, weil sich hiermit der wichtige Leerlaufbereich genauer dosieren lässt. Falls ein Potentiometer mit linearer Charakteristik verwendet wird, was grundsätzlich auch funktioniert, ändern sich die Winkel.

Sinnvollerweise sollten die Programmierung des Reglers und die Grundeinstellung des Regelpotis in Verbindung mit dem Regelzylinder außerhalb des Modells erfolgen. Ein eingesägter Schlitz an der Stirnseite der Potiwelle erleichtert die Einstellarbeiten, da hier mit einem Schraubendreher bei Bedarf gegen gehalten werden kann.

Grundeinstellung des Reglers

Der Regler wird immer zusammen mit dem im Modell verwendeten Servotester und Potentiometer programmiert. Der Bereich zwischen Nullstellung und Vollgas sollte möglichst eng sein. Eine große Spreizung verlangt nach viel Weg am Regelzylinder und birgt die Gefahr, dass sich das System wegen verschiedener Ursachen „aufschaukelt“. Es ist keine ruhige Regelung im Teillastbereich möglich. Die Reibung des Potentiometers wirkt auch zugleich als Dämpfer, es macht also nichts aus, wenn die Achse leicht schwergängig ist. Eine zu enge Spreizung wird der Regler nicht akzeptieren und nach dem 5. Piepton (Car-Modus) keine Bestätigung in Form von drei kurzen Pieptönen bringen. Er wird auf den Modus Nr. 6 weiterschalten. Daraufhin muss der Vorgang mit einem größeren Winkel wie folgt wiederholt werden:

Der wirksame Drehwinkel (innerhalb des Gesamtdrehbereichs von 270°) des Regelpotis soll zwischen 30° und 40° liegen. Bei einer Hebellänge von 20 mm am Regelpoti und 30°-Regelbereich wären somit ca. 10 mm Kolbenhub nötig, bei 40° wären es 14 mm. In diesem Winkelbereich befindet sich die die Nullstellung, also der Stillstand des Motors bei ca. 8 kΩ und Vollgas bei ca. 33 kΩ.

Diese Spreizung von ca. 25 kΩ ist vom Kontronik-Regler als minimal vorgeben und kann höchstens in einen anderen Bereich verschoben werden. (Das Ganze könnte auch in Millisekunden Impulslänge ausgedrückt werden, ist aber hier uninteressant, da für Laien, ich bin auch einer davon, nicht messbar). Der Wert des Widerstands (R1) über dem Start-Stopp-Kontakt muss niedriger sein, als der gemessene Start-Widerstand am Regelpoti, der Widerstand (R2) über dem Turbokontakt muss höher sein als der Vollgas-Wert des Regelpotis. Da dem Regelpoti (47kΩ) noch ein Leerlauf-Einstellpoti mit dem Wert 10kΩ in Reihe gestellt ist, erhöht sich der Gesamtwiderstand um den Wert, der am Leerlaufeinstellpoti vorgegeben ist, in der Praxis ca. 5kΩ. Eine Nullstellung (Pumpe aus) sieht die Regelung selbst also nicht vor, diese kann nur durch Kontakt (8) erfolgen. Der Systemdruck ist zugleich der Leerlaufdruck. Er wird also am Leerlaufpoti in Verbindung mit dem Leckölventil so eingestellt, dass der Motor bei Nennspannung gerade noch rund läuft.

Auf dem Bild sieht man einen Einbauvorschlag des Turboknopfs am Sender für einen Raupenbagger ohne Zusatzfunktion genügt eine 7-Kanal-Anlage: Kanal 1, 2, 3, 4, 5, 6 für Baggerfunktionen einschließlich 2× Ketten. Kanal 7 ist am Sender (Beispiel Graupner) ein einpoliger Schalter AUS-EIN (angeschlossen sind rot und braun) und ein Turbo-Taster (Schließer) (angeschlossen sind rot und orange). Hebel nach unten: Kontakt offen, Minischalterkont. (8) offen = normaler Baggerbetrieb. Hebel nach oben: Kontakt geschlossen, Minischalterkont. (8) geschlossen = Pumpe Start und Stopp. Hebel nach unten und Turbo- Knopf: Minischalterkontakt (9) offen = TURBO Funktion.

Für Elektriker, Mechatroniker und solche, die sich mit der Elektrik gut auskennen: Mit dem Hebel nach oben könnte durch Zwischenschalten eines Relais zugleich auf ein anderes Modell umgeschaltet werden.

Der Ordnung halber:

Achtung! Bei Einbauten von Teilen und/oder Änderungen am Sender, die nicht vom Hersteller zugelassen sind, erlischt die Fernmeldetechnische Zulassung (FTZ)

10. Bauplan-Archiv

10.1 Halterung Hydraulikpumpe

10.1.1 Pumpen-Motorhalterung für eine Jung-Fluid-Pumpe

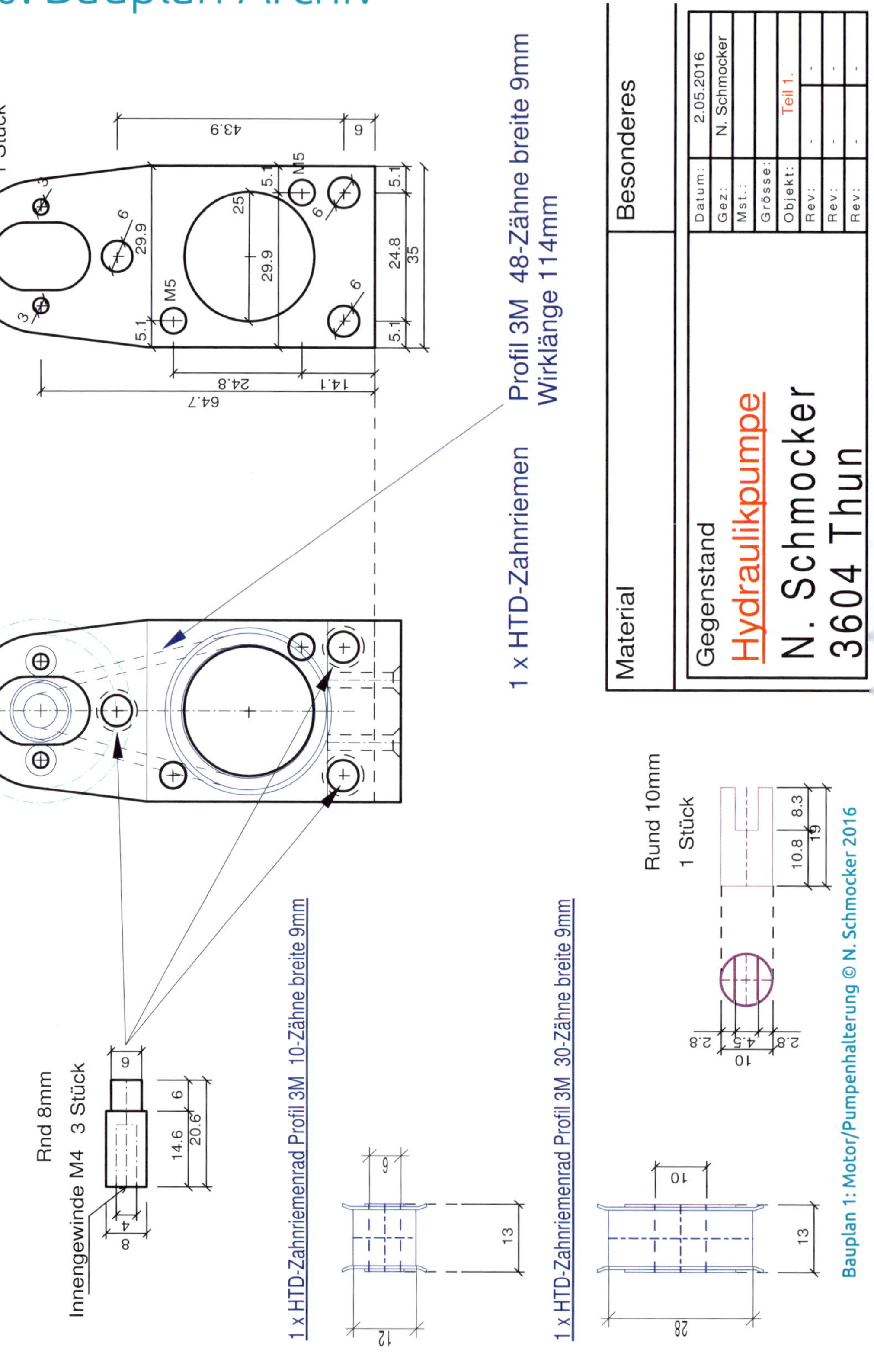

Bauplan 1: Motor/Pumpenhalterung © N. Schmocker 2016

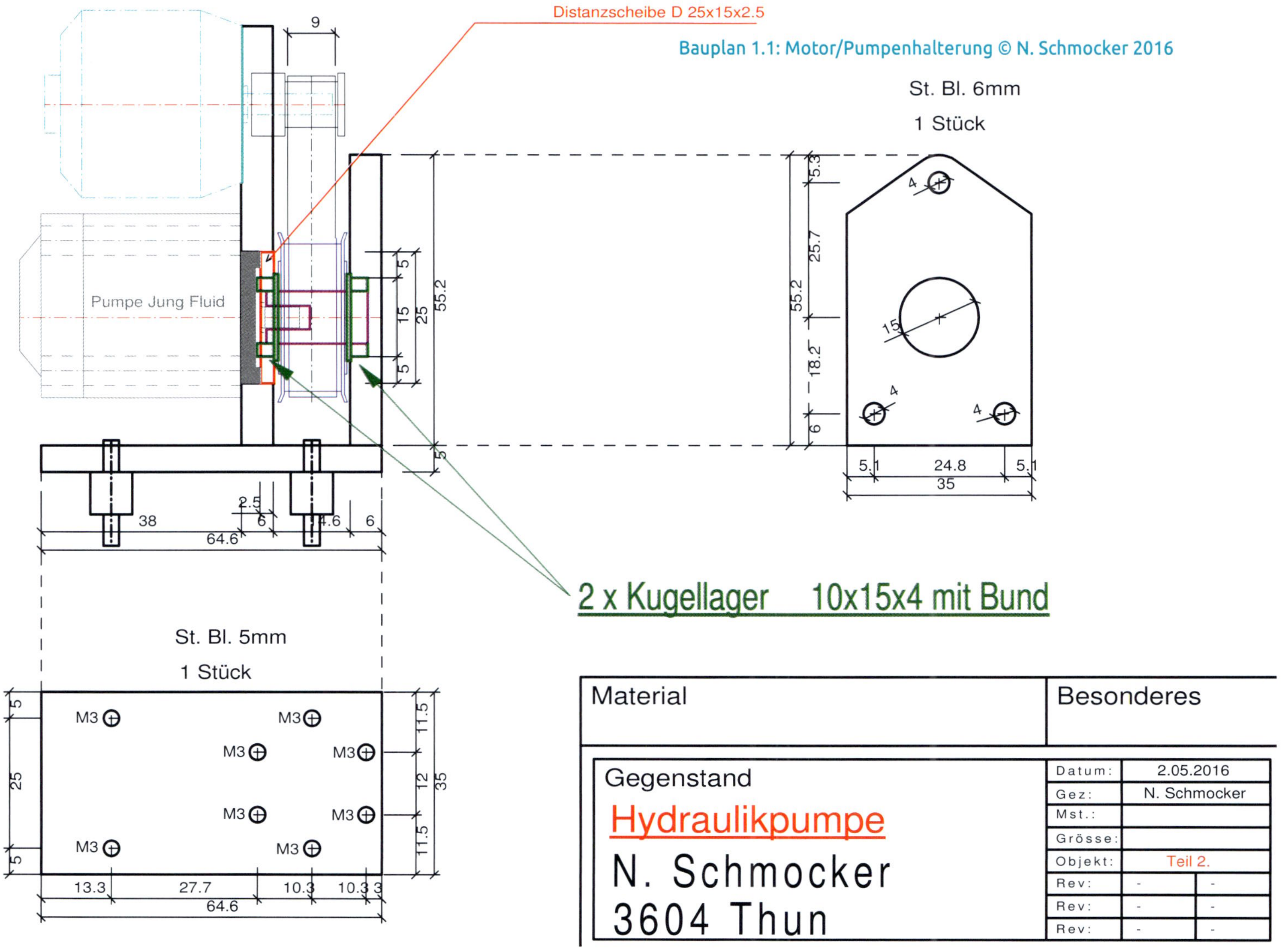
Bauplan 1.1: Motor/Pumpenhalterung © N. Schmocker 2016
Distanzscheibe D 25x15x2.5
Pumpe Jung Fluid
St. Bl. 6mm
1 Stück
St. Bl. 5mm
1 Stück
2 x Kugellager 10x15x4 mit Bund
M3
Material
Besonderes
Gegenstand
Hydraulikpumpe
N. Schmocker
3604 Thun
Datum: 2.05.2016
Gez: N. Schmocker
Mst.:
Grösse:
Objekt: Teil 2.
Rev: - -
Rev: - -
Rev: - -

10.2 Ventil mit geschlossenem Umlauf

10.2.1 Anfangsplatte mit DBV

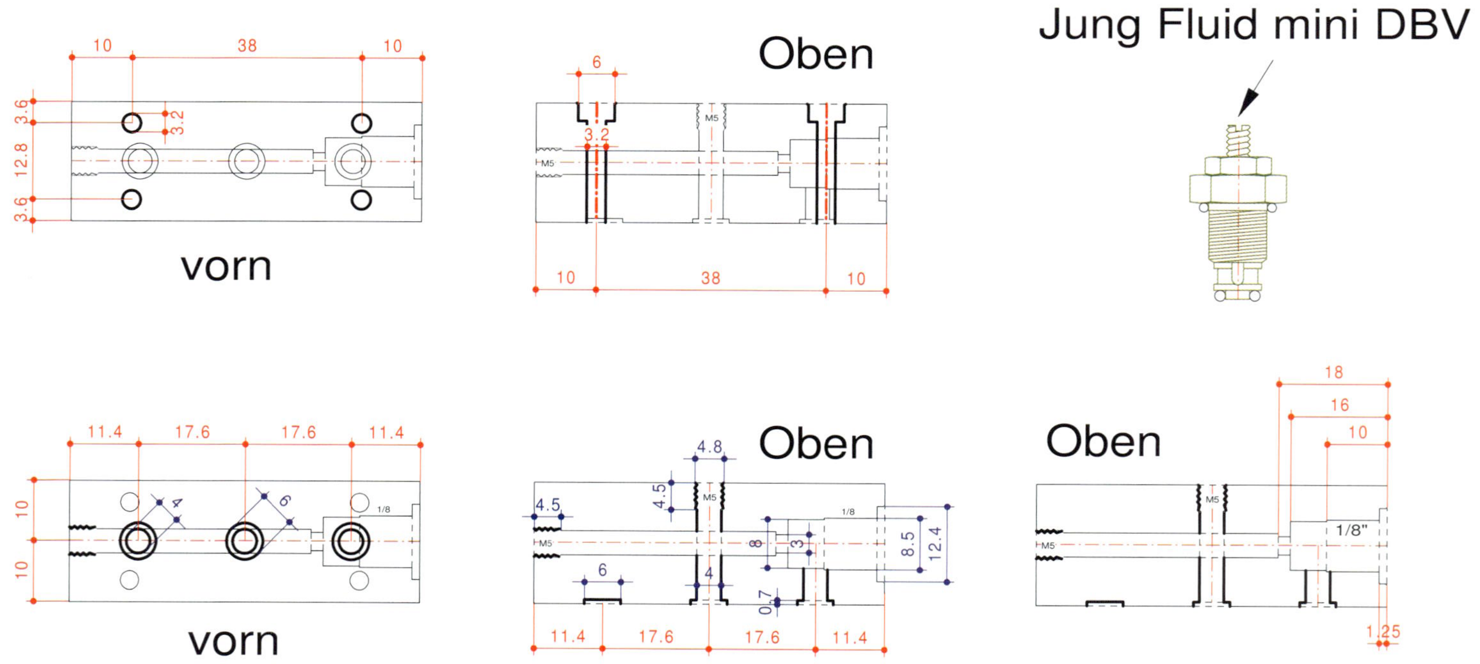

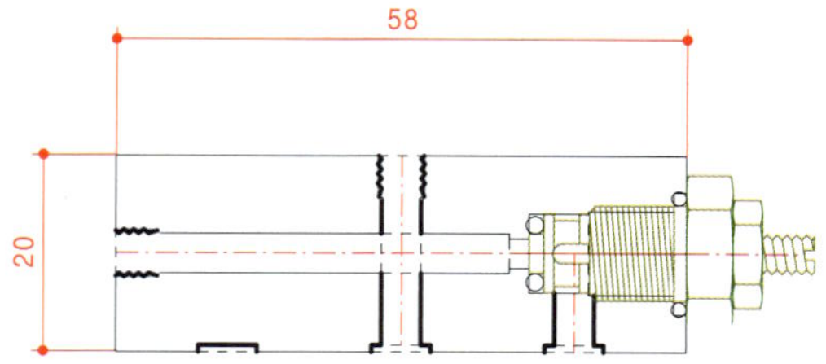

Material	Besonderes
Messing 20 x 20 x 58 mm	

Gegenstand			
Anschlussplatte mit DBV	Datum:	13.03.2014	
	Gez:	Marcel	
	Mst.:		
	Grösse:		
	Objekt:	Nr. 8001	
	Rev:	-	-
	Rev:	-	-
	Rev:	-	-

10.2.2 1. Ventil mit M3-Gewindelöchern

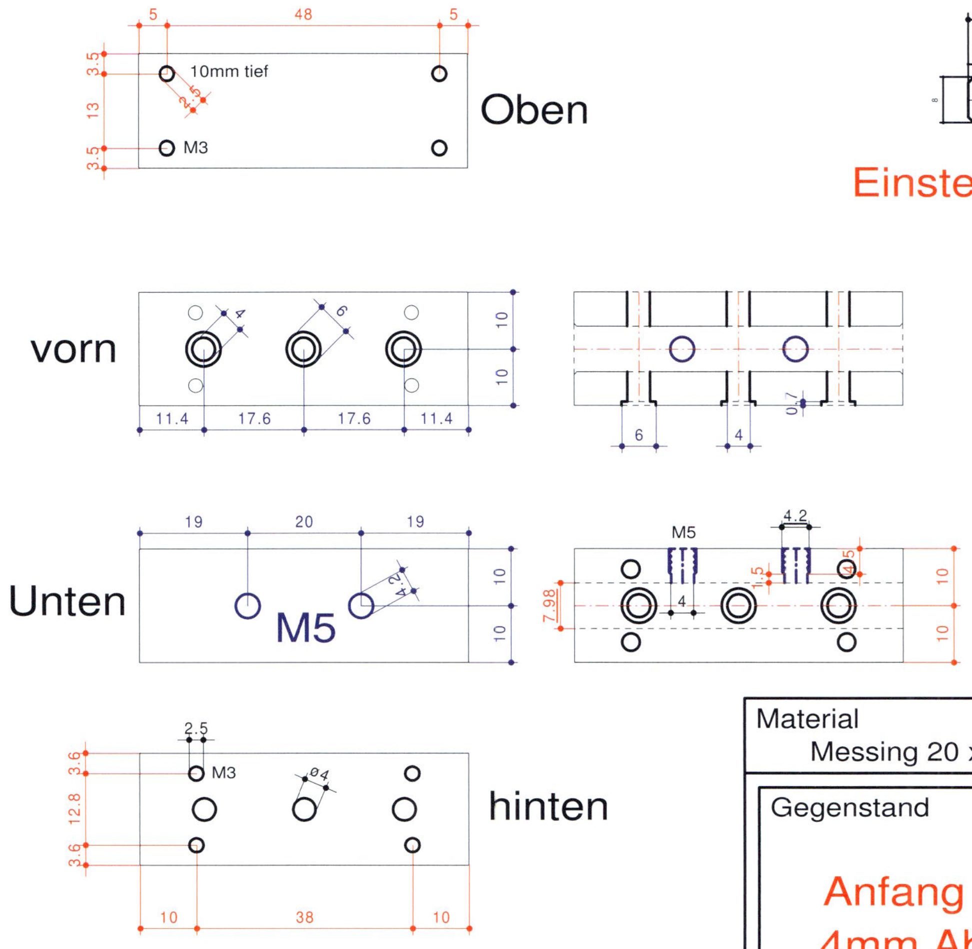

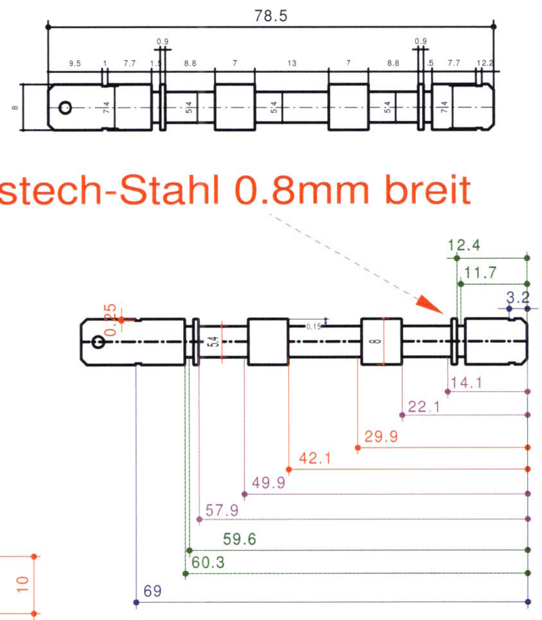

Bauplan 2: Anfangsplatte mit DBV

Material Messing 20 x 20 x 58 mm	Besonderes 3x O- Ring 4x1 2x O- Ring 5x1.5

Gegenstand			
Anfang Ventil 4mm Abgang A+B	Datum:	12.03.2014	
	Gez:	Marcel	
	Mst.:		
	Grösse:		
	Objekt:	Nr. 8002	
	Rev:	-	-
	Rev:	-	-
	Rev:	-	-

10.2.3 Folgeventil mit 3,2-mm-Löchern

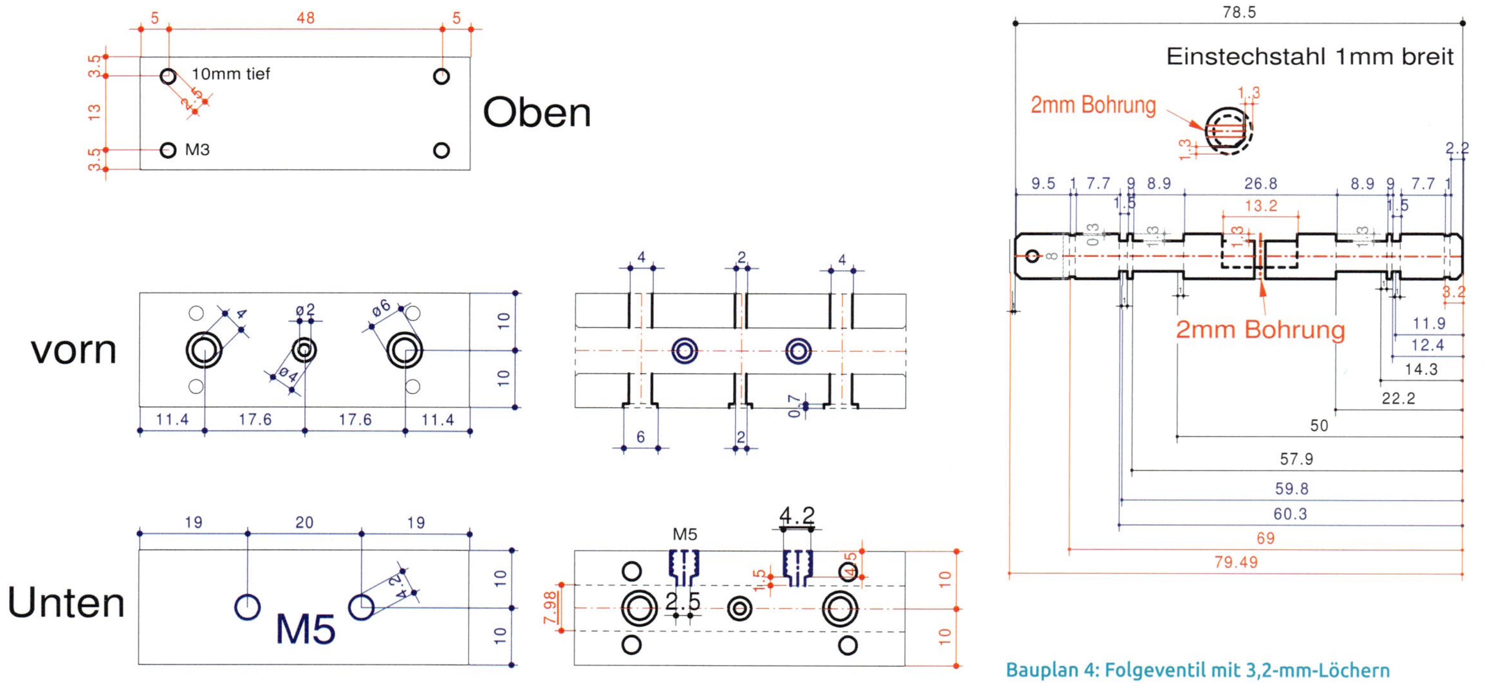

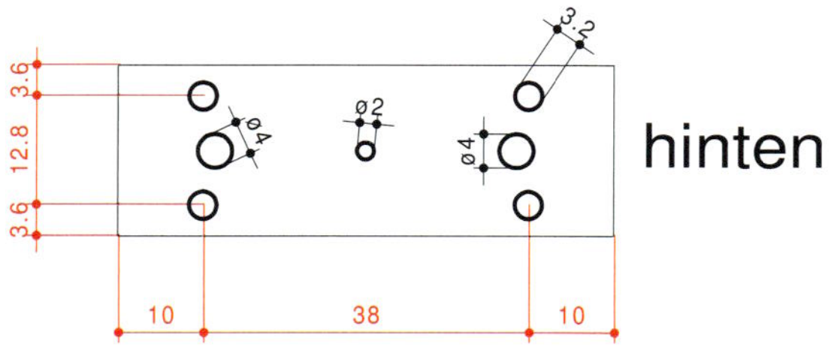

Bauplan 4: Folgeventil mit 3,2-mm-Löchern

Material Messing 20 x 20 x 58 mm		Besonderes 3x O- Ring 4x1 2x O- Ring 5x1.5	
Gegenstand Folge Ventil 2.5mm Abgang A+B	Datum:	12.03.2014	
	Gez:	Marcel	
	Mst.:		
	Grösse:		
	Objekt:	Nr. 8002	
	Rev:	-	-
	Rev:	-	-
	Rev:	-	-

10.2.4 Endplatte

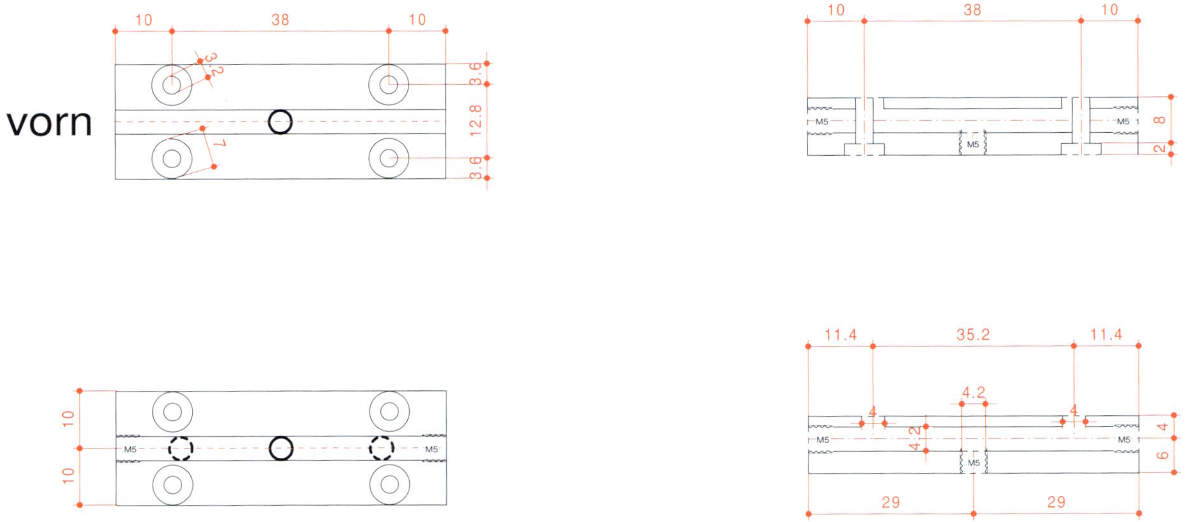

Bauplan 5: Endplatte

Material			Besonderes
Messing 10 x 20 x 58 mm			
Gegenstand	Datum:	13.03.2014	
	Gez:	Marcel	
	Mst.:		
Endplatte	Grösse:		
	Objekt:	Nr. 8005	
	Rev:	-	-
	Rev:	-	-
	Rev:	-	-

10.3 Ventil mit offenem Kreislauf

10.3.1 Anfangsplatte mit DBV

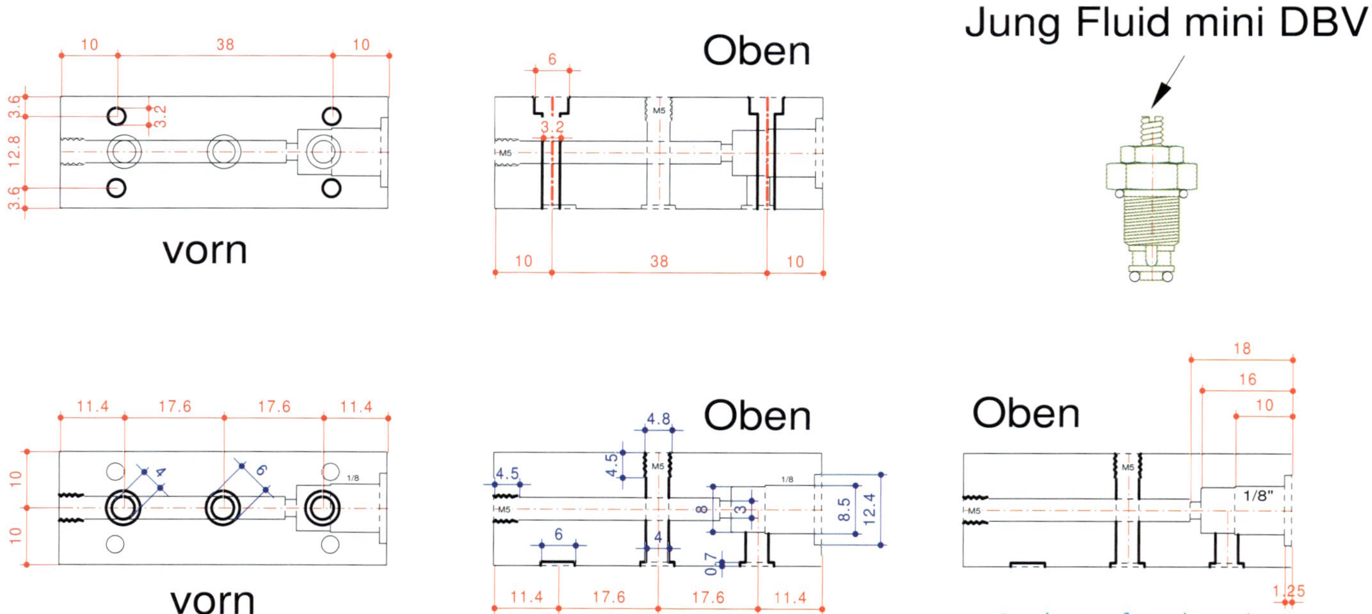

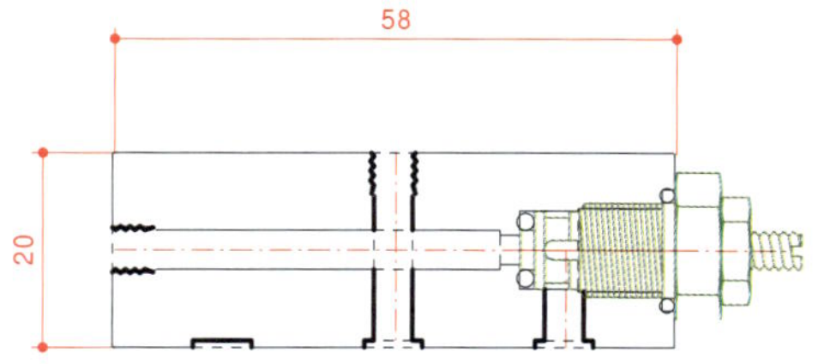

Bauplan 6: Anfangsplatte mit DBV

Material
Messing 20 x 20 x 58 mm

Besonderes

Gegenstand
Anschlussplatte mit DBV

Datum:	13.03.2014	
Gez:	Marcel	
Mst.:		
Grösse:		
Objekt:	Nr. 8001	
Rev:	-	-
Rev:	-	-
Rev:	-	-

10.3.2 1. Ventil mit M3-Gewindelöchern

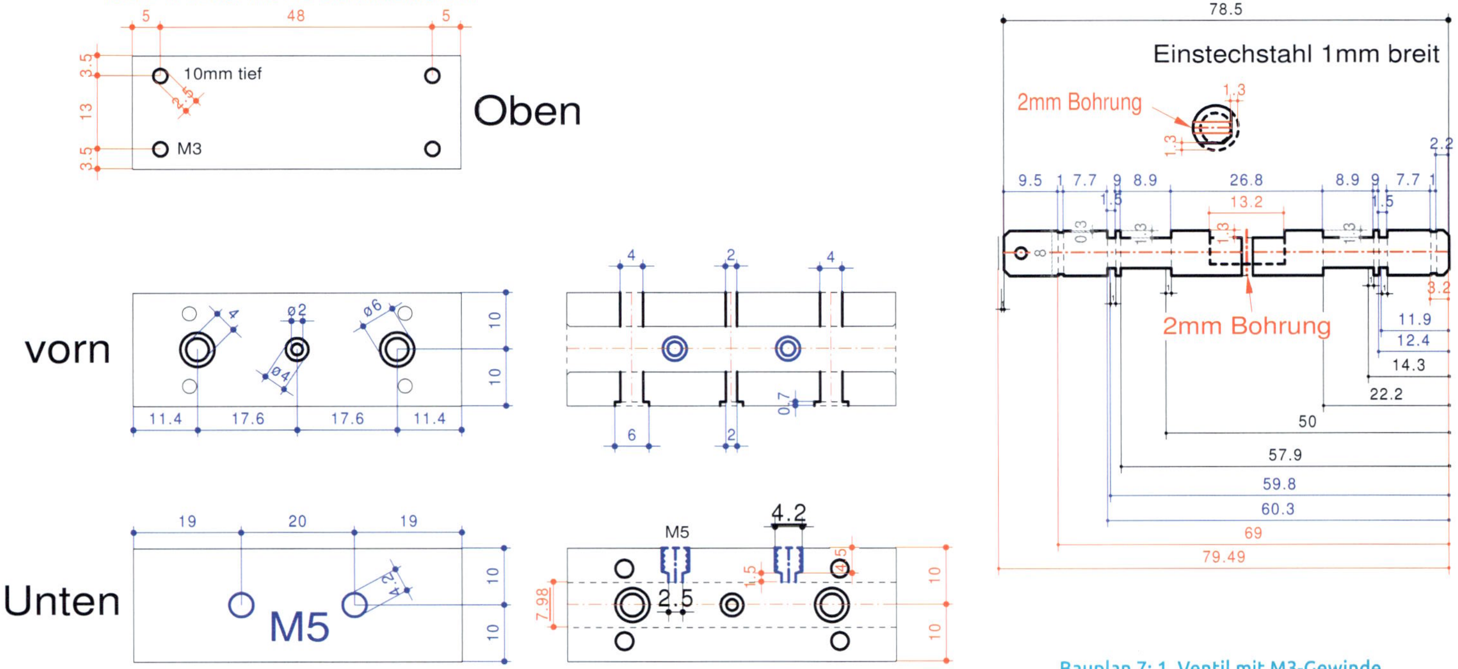

Bauplan 7: 1. Ventil mit M3-Gewinde

Material	Besonderes
Messing 20 x 20 x 58 mm	3x O- Ring 4x1 2x O- Ring 5x1.5

Gegenstand			
Anfang Ventil 2.5mm Abgang A+B	Datum:	12.03.2014	
	Gez:	Marcel	
	Mst.:		
	Grösse:		
	Objekt:	Nr. 8002	
	Rev:	-	-
	Rev:	-	-
	Rev:	-	-

10.3.2 1. Ventil mit M3-Gewindelöchern

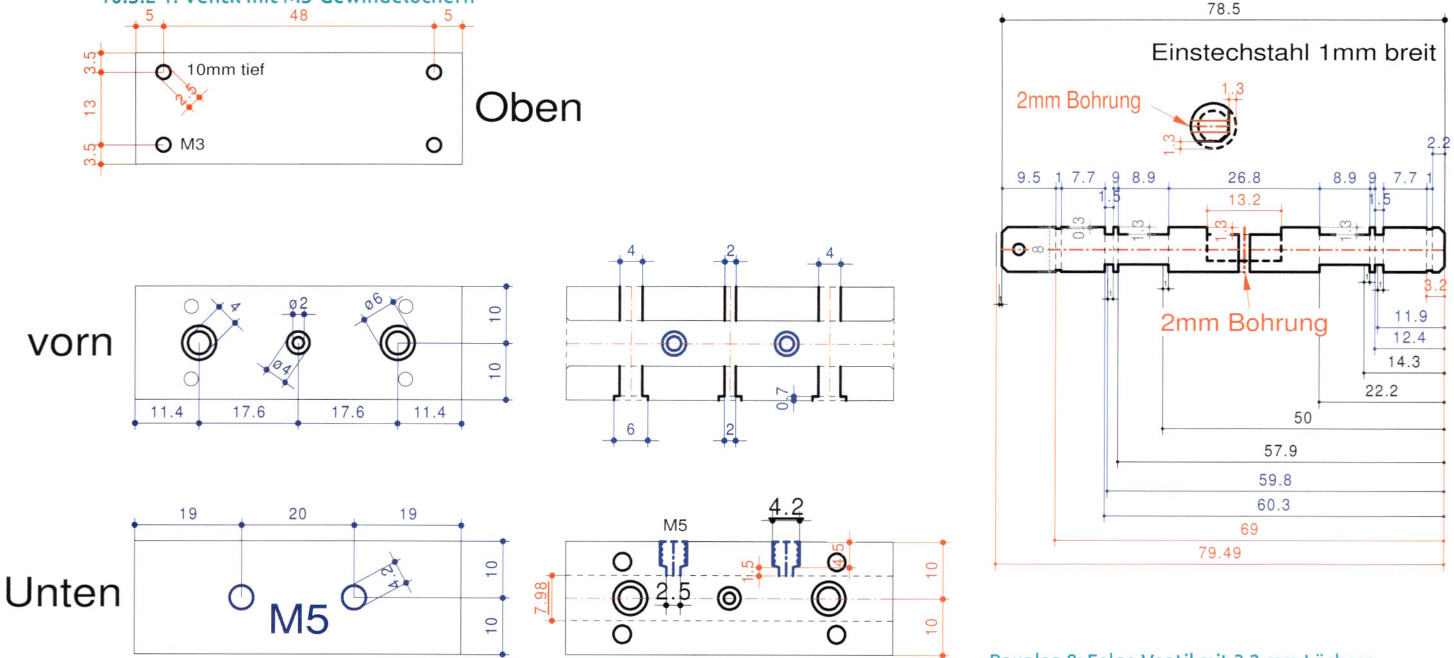

Bauplan 8: Folge Ventil mit 3,2-mm Löchern

Material Messing 20 x 20 x 58 mm	Besonderes 3x O- Ring 4x1 2x O- Ring 5x1.5

Gegenstand			
Folge Ventil 2.5mm Abgang A+B	Datum:	12.03.2014	
	Gez:	Marcel	
	Mst.:		
	Grösse:		
	Objekt:	Nr. 8002	
	Rev:	-	-
	Rev:	-	-
	Rev:	-	-

10.3.3 Endplatte

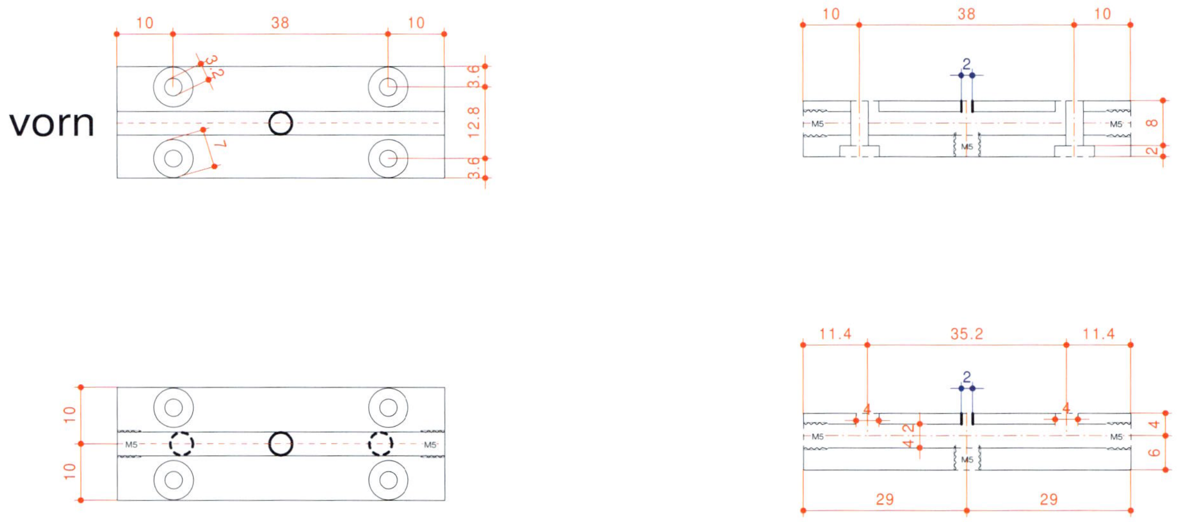

Bauplan 9: Endplatte

Material	Besonderes	
Messing 10 x 20 x 58 mm		
Gegenstand	Datum:	13.03.2014
Endplatte	Gez:	Marcel
	Mst.:	
	Grösse:	
	Objekt:	Nr. 8005
	Rev:	- -
	Rev:	- -
	Rev:	- -

10.4 Spezial-Ventile

10.4.1 Ventil für Kipper

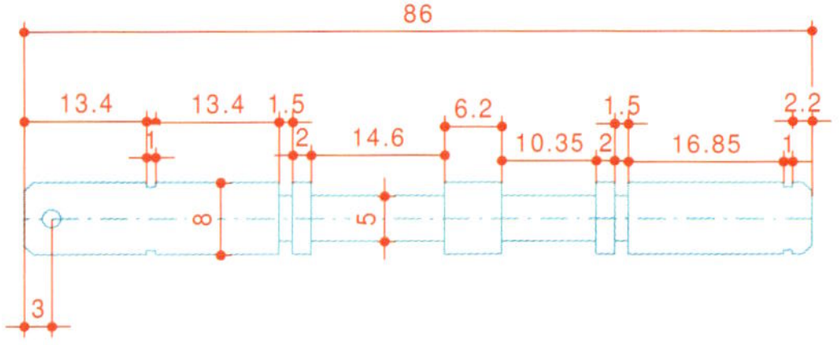

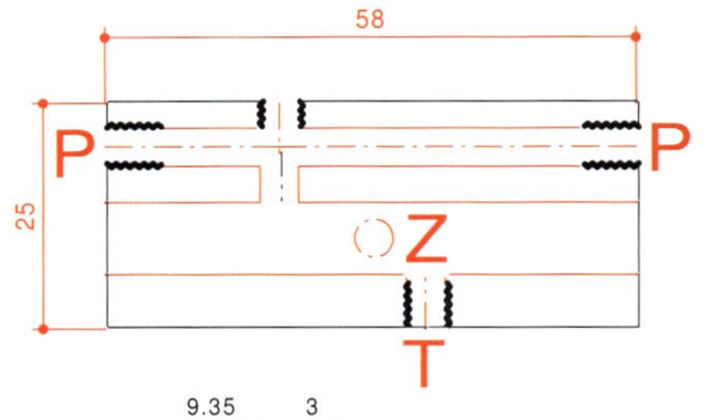

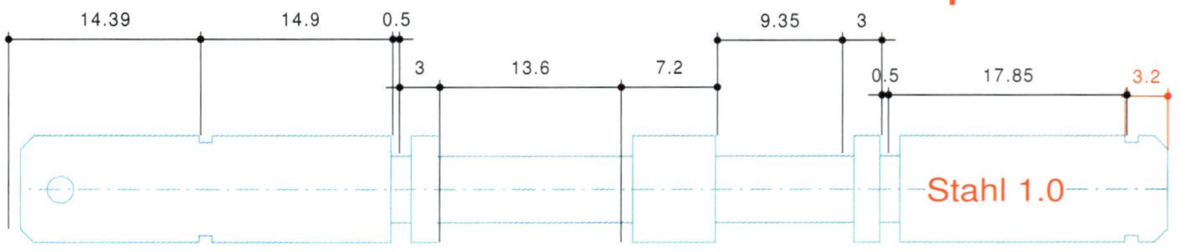

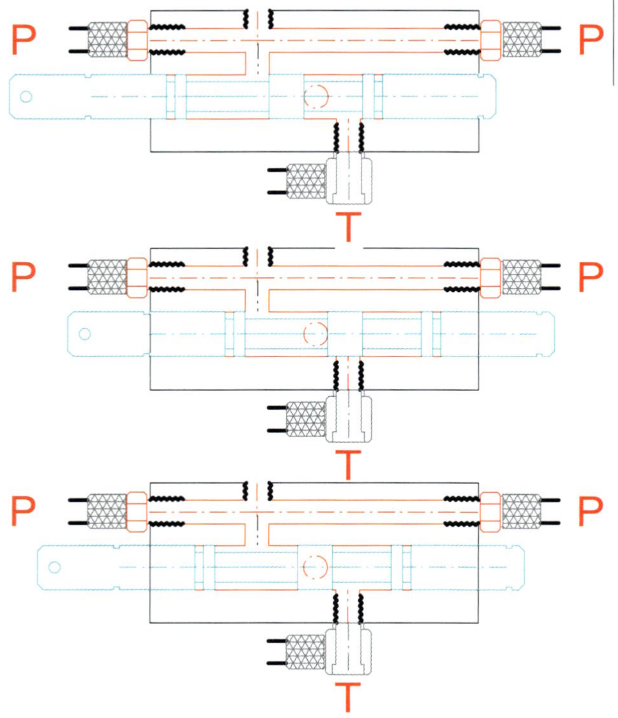

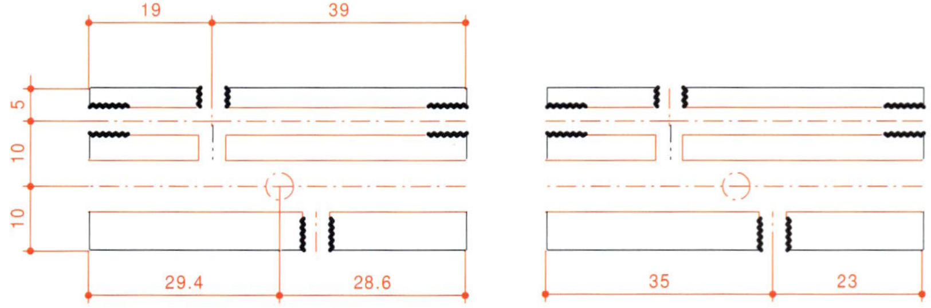

Bauplan 10: Kipperventil

Material Messing 25x20x58mm	Besonderes	
Gegenstand Kipperventil	Datum:	21.10.2012
	Gez:	Marcel
	Mst.:	
	Grösse:	
	Objekt:	Nr. 5001
	Rev:	- -
	Rev:	- -
	Rev:	- -

10.4.2 Hubbegrenzungsventil für Kipper

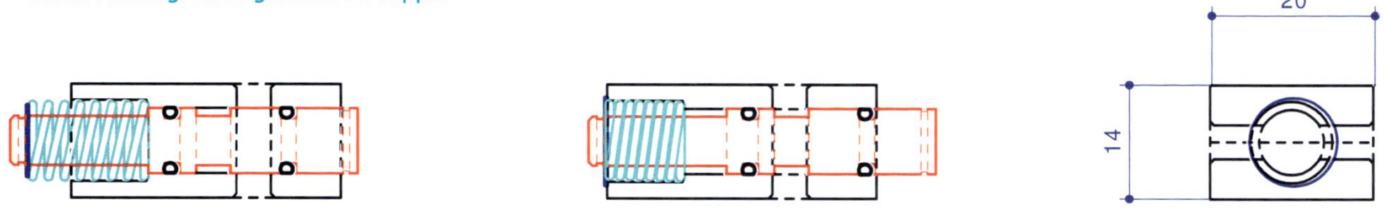

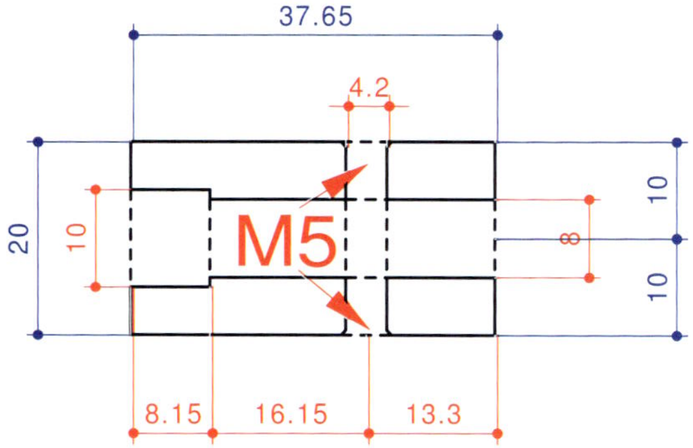

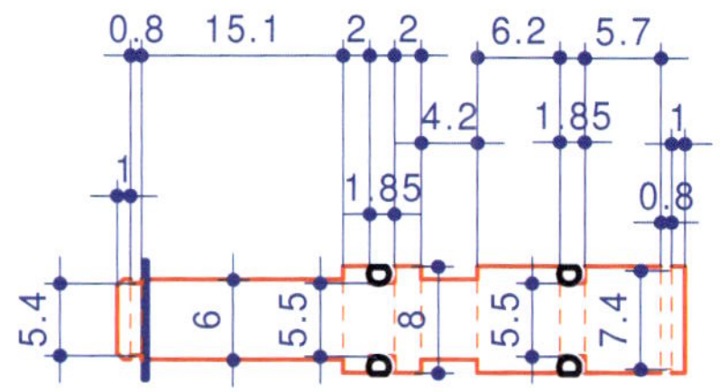

Bauplan 11: Hubbegrenzungsventil

Material	geschmiedet	Besonderes
Messing		

Gegenstand			
Senkbremsventil für Kippbrücke	Datum:	13.08.2008	
	Gez:	Marcel	
	Mst.:		
	Grösse:		
	Objekt:	Nr. 0004	
	Rev:	-	-
	Rev:	-	-
	Rev:	-	-

10.4.2 Hubbegrenzungsventil für Kipper

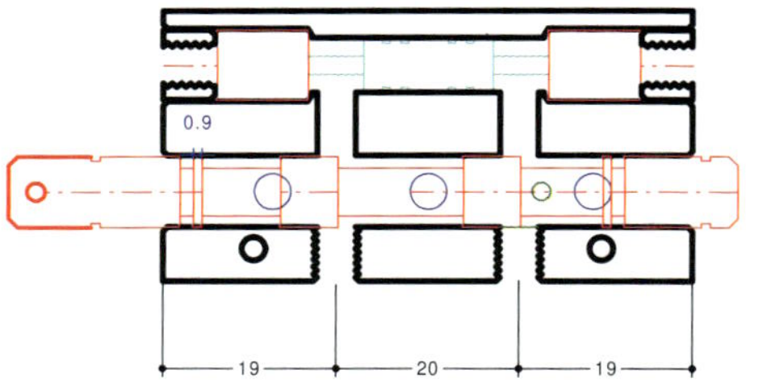

2:1

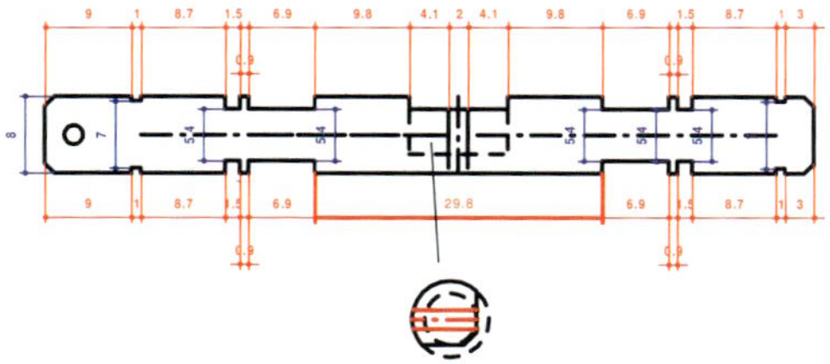

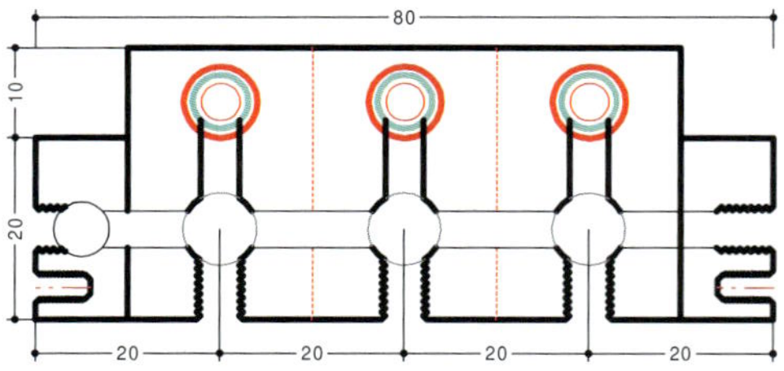

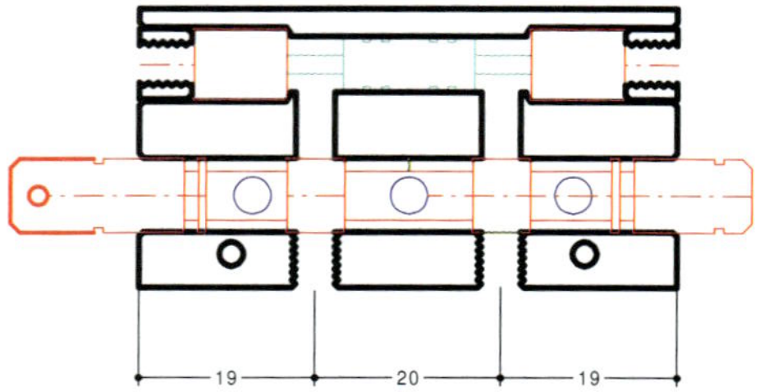

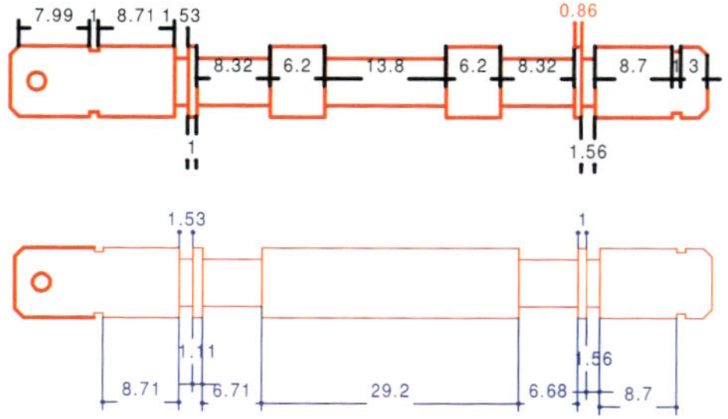

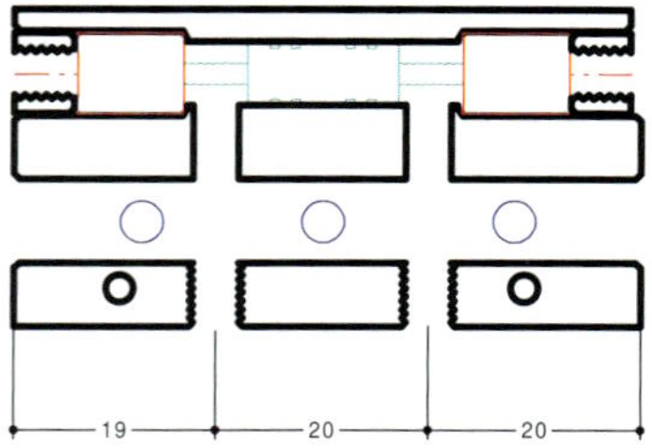

Bauplan 12: 3er-Ventilblock mit Rückschlag Ventilen (Spez. Ventilbank für Bagger/Trax mit 3 Funktionen)

Material Messing 12x12x33mm	Besonderes

Gegenstand			
	Datum:	28.12.2011	
	Gez:	Marcel	
	Mst.:		
	Grösse:		
	Objekt:	Nr. 9001	
	Rev:	-	-
	Rev:	-	-
	Rev:	-	-

10.5 Sicherheitsventil

10.5.1 Druck-Begrenzungs-Ventil/DBV

Jung Fluid

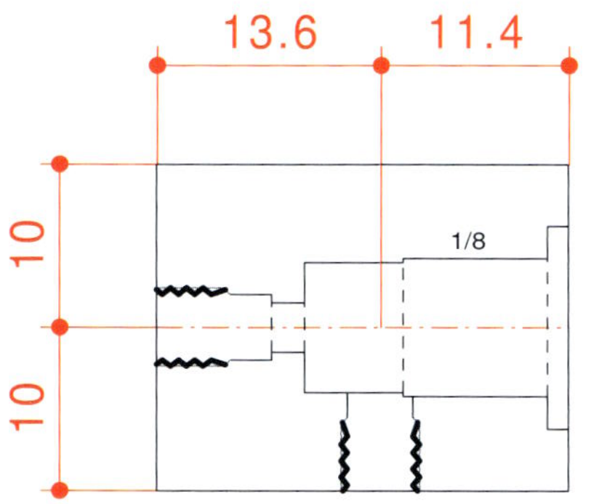

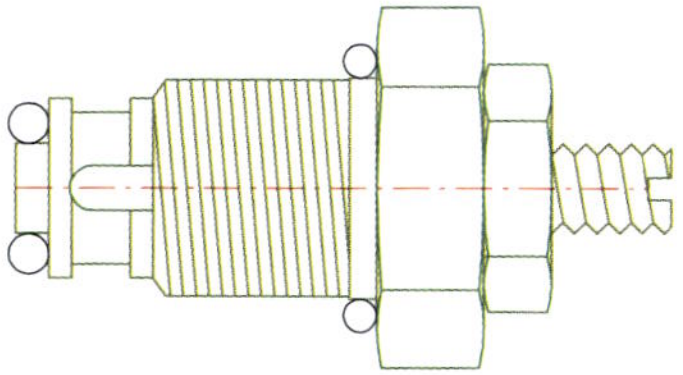

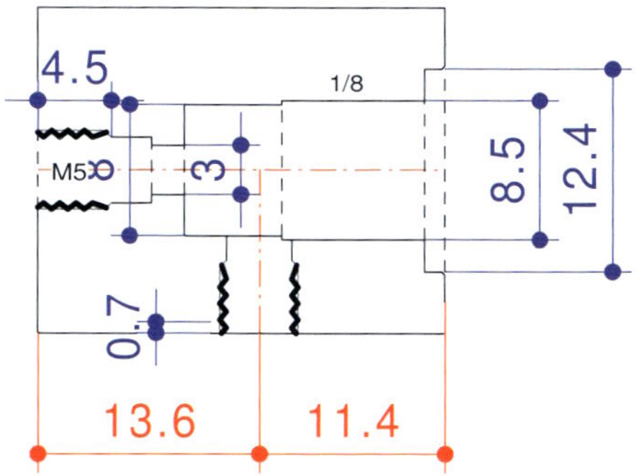

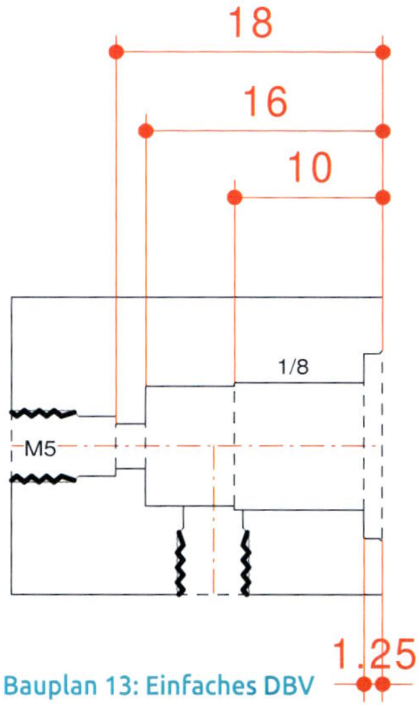

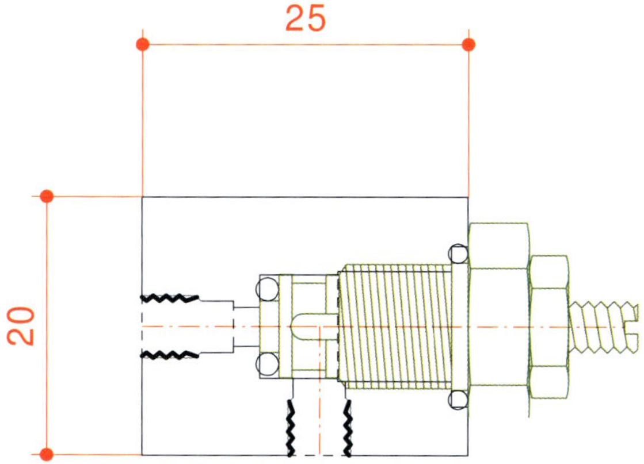

Bauplan 13: Einfaches DBV

Material Messing 20 x 20 x 58 mm			Besonderes
Gegenstand Einfaches DRV	Datum:	13.03.2014	
	Gez:	Marcel	
	Mst.:		
	Grösse:		
	Objekt:	Nr. 8010	
	Rev:	-	-
	Rev:	-	-
	Rev:	-	-

10.5.2 Doppelseitiges hydraulisch entsperrbares Rückschlagventil als Aufbauventil zum Standardventil

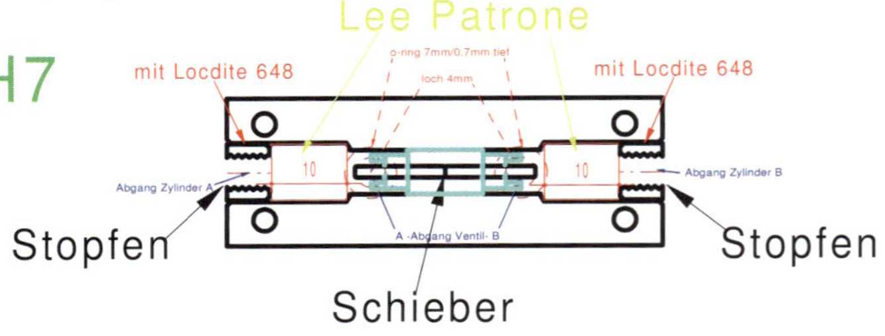

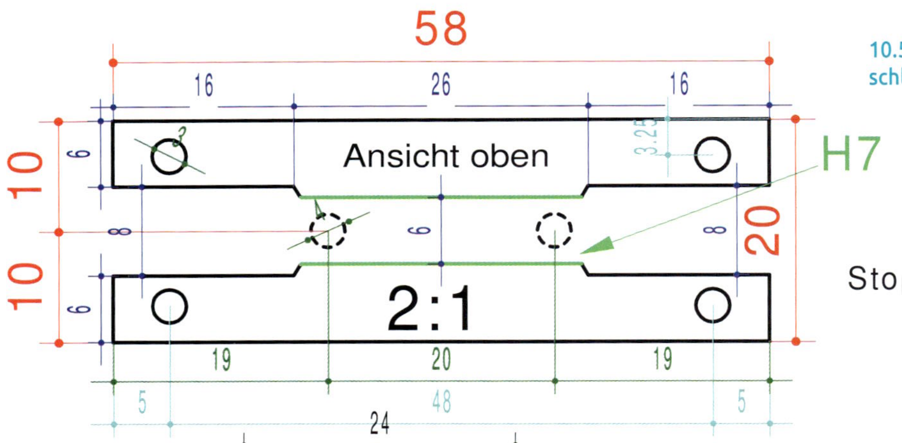

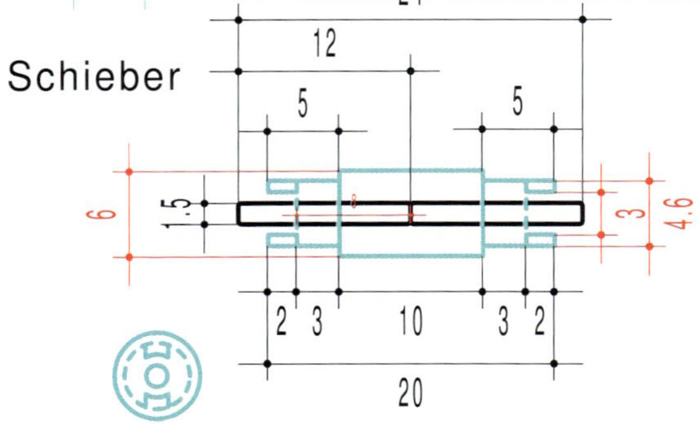

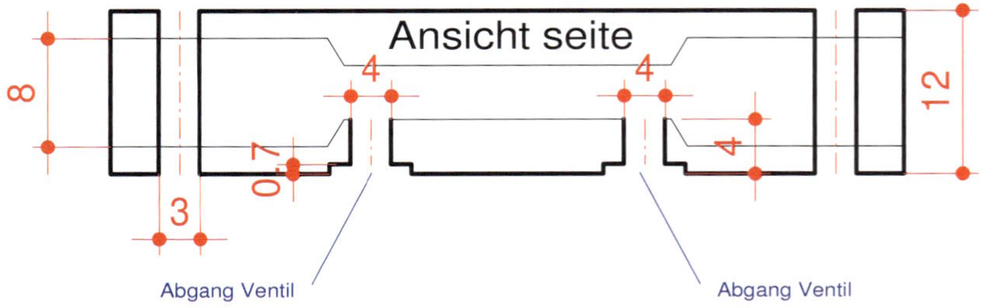

Bauplan 14: Doppelseitiges Sperrventil Aufbau

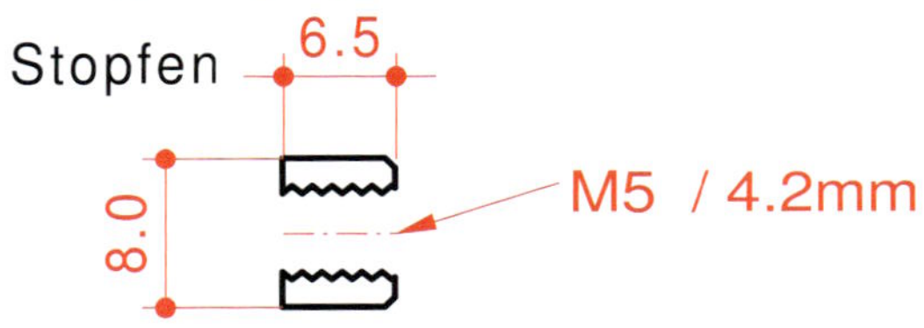

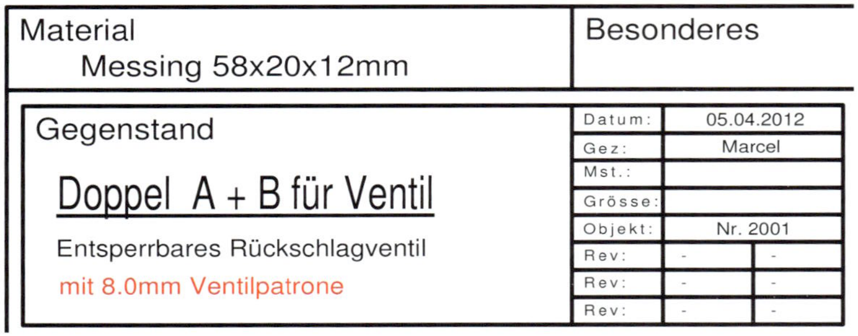

10.5.3 Doppelseitiges hydraulisch entsperrbares Rückschlagventil in die Leitung einzubauen

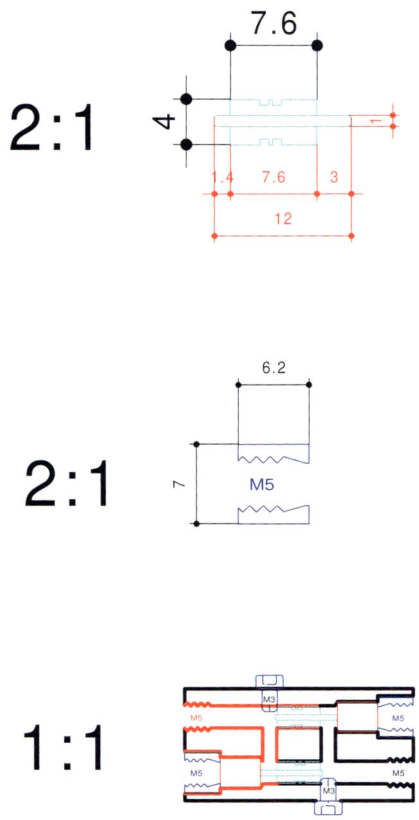

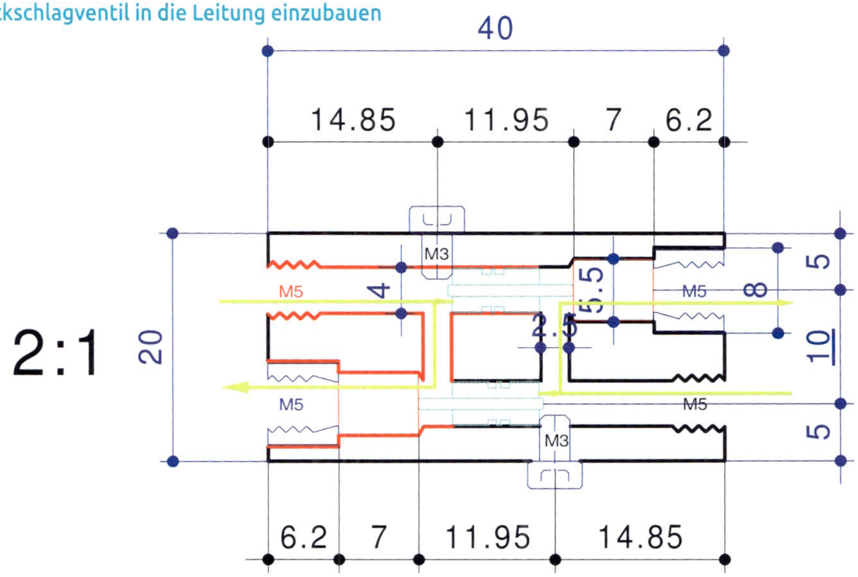

Bauplan 15: Doppelseitiges Sperrventil Einbau

Material	Besonderes
Messing 40x20x12mm	

Gegenstand			
Doppel A + B	Datum:	28.12.2011	
Entsperrbares Rückschlagventil	Gez:	Marcel	
mit 5.5mm Ventilpatrone	Mst.:		
	Grösse:		
	Objekt:	Nr. 3001	
	Rev:	-	-
	Rev:	-	-
	Rev:	-	-

10.5.4 Einfaches hydraulisch entsperrbares Rückschlagventil, in die Leitung einzubauen

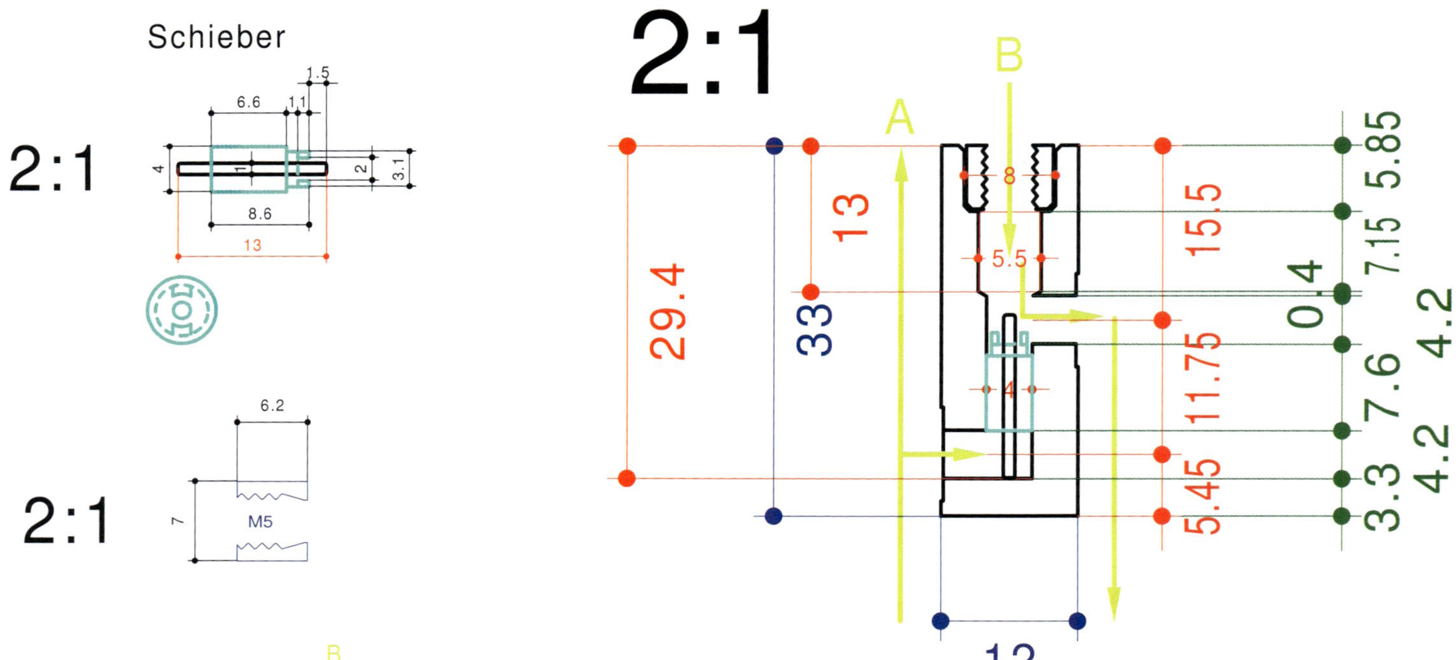

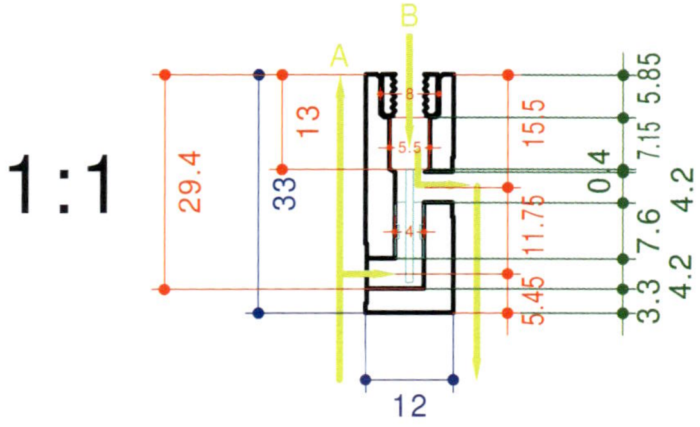

Bauplan 16: Einbau Sperrventil einfach

Material	Besonderes
Messing 12x12x33mm	

Gegenstand			
Einfach A od. B	Datum:	28.12.2011	
Entsperrbares Rückschlagventil	Gez:	Marcel	
mit 5.5mm Ventilpatrone	Mst.:		
	Grösse:		
	Objekt:	Nr. 4001	
	Rev:	-	-
	Rev:	-	-
	Rev:	-	-

10.5.5 Lastabhängiges Senkbremsventil mit Sperrventil

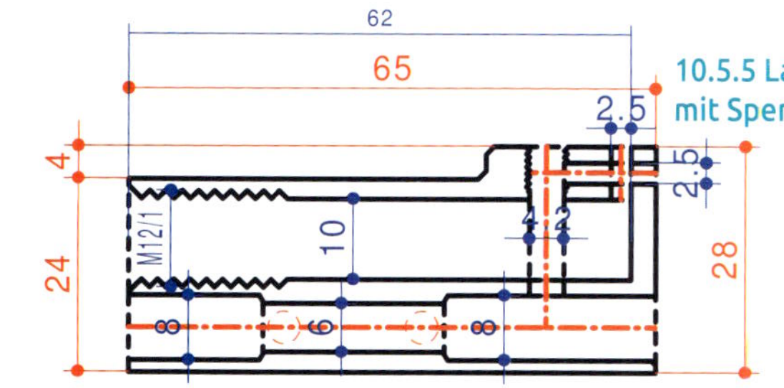

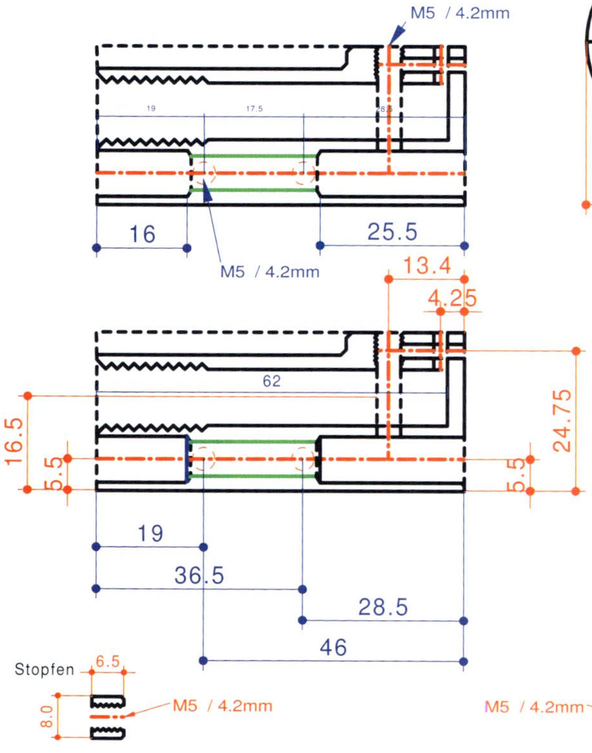

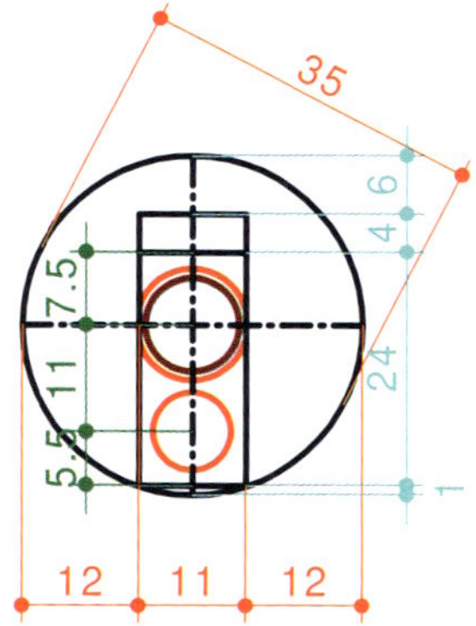

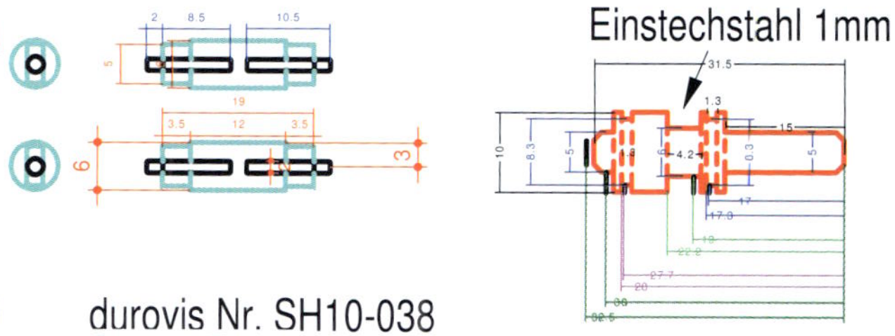

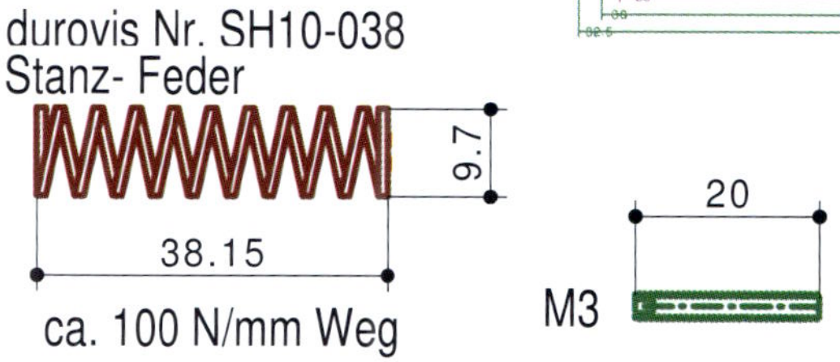

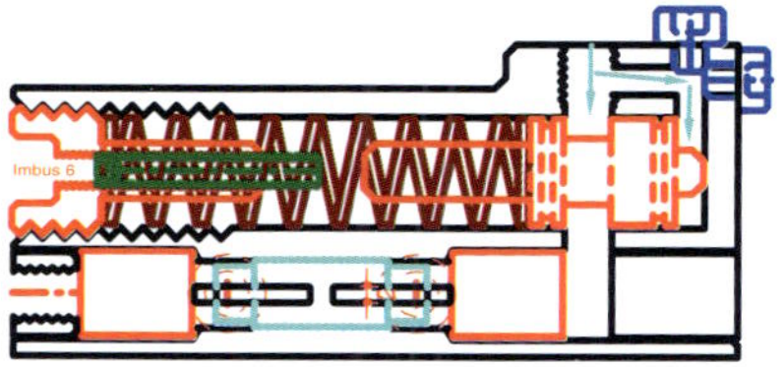

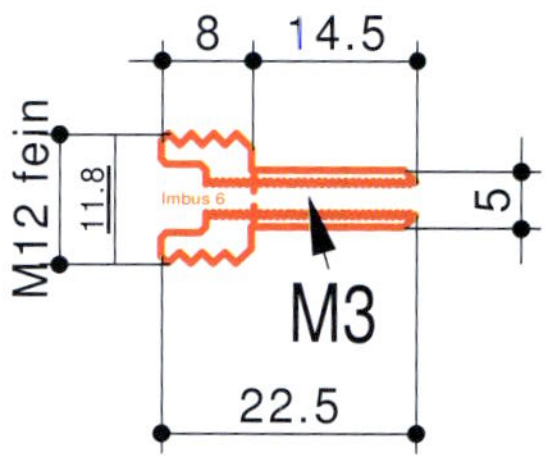

Bauplan 17: Lastabhängiges Senkbremsventil mit Sperrventil

Material	Besonderes
Messing 23 x 66 mm rund	

Gegenstand			
Hydraulisch- gesteuertes Senkbremsventil Entsperrbares Rückschlagventil mit 5.5mm Ventilpatrone	Datum:	16.03.2016	
	Gez:	Marcel	
	Mst.:		
	Grösse:		
	Objekt:	Nr. 7010	
	Rev:	-	-
	Rev:	-	-
	Rev:	-	-

10.5.6 Lastabhängiges Senkbremsventil ohne Sperrventil

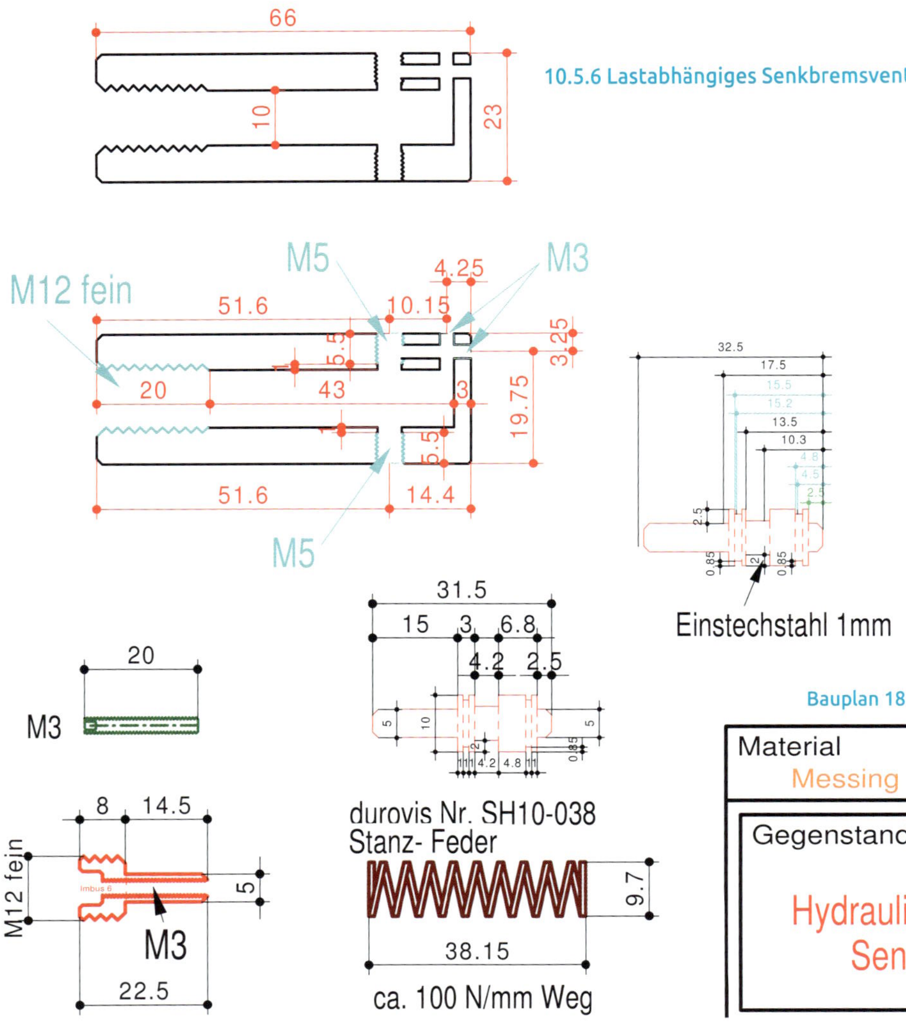

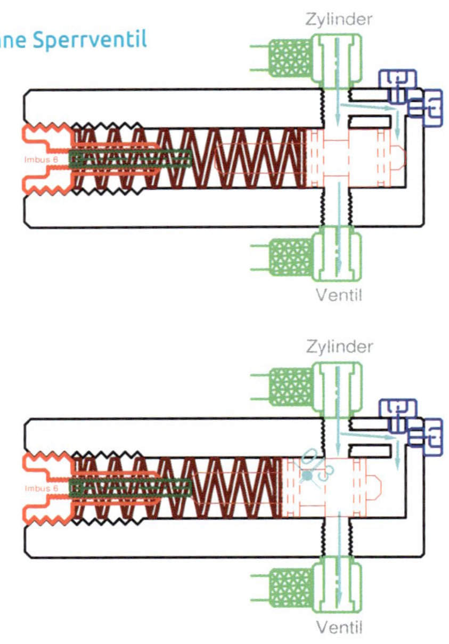

Bauplan 18: Lastabhängiges Senkbremsventil ohne Sperrventil

Material	Besonderes
Messing 23 x 66 mm rund	

Gegenstand			
Hydraulisch- gesteuertes Senkbremsventil	Datum:	17.10.2013	
	Gez:	Marcel	
	Mst.:		
	Grösse:		
	Objekt:	Nr. 7011	
	Rev:	-	-
	Rev:	-	-
	Rev:	-	-

10.6 Sicherheits-Armaturen

10.6.1 Rücklauffilter

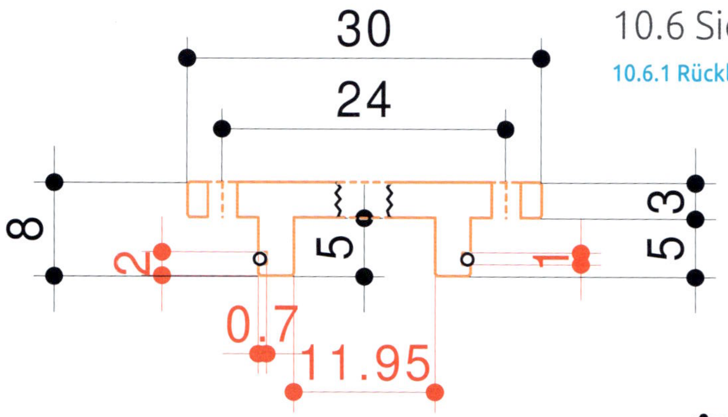

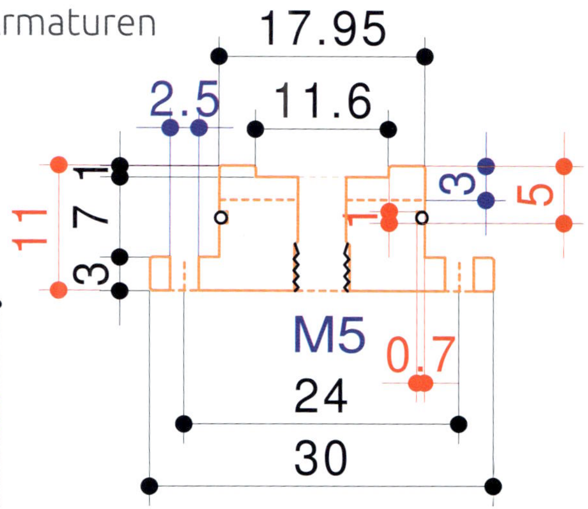

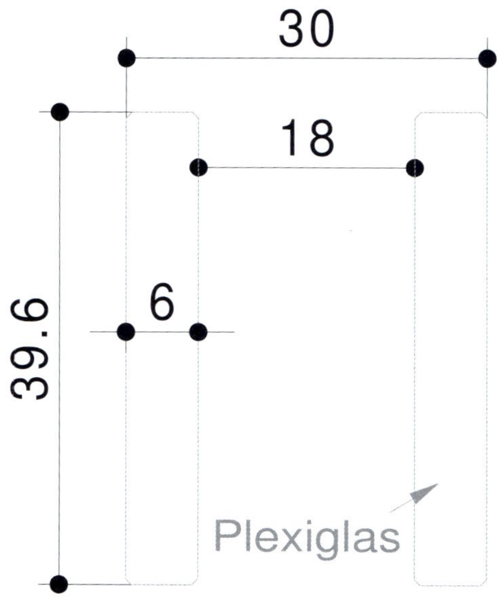

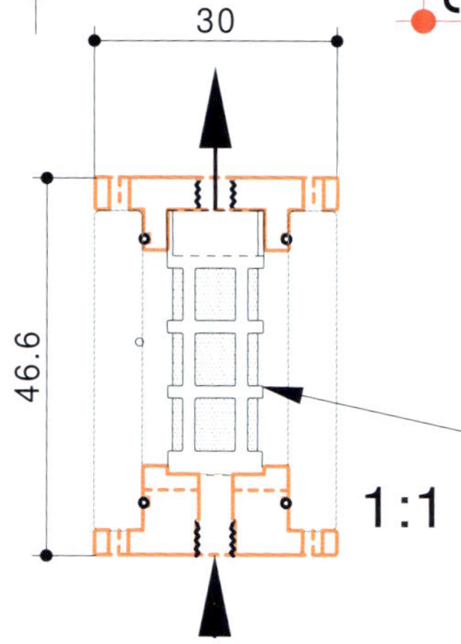

Bauplan 19: Rücklauffilter

Material Messing + Plexiglas	Besonderes	
Gegenstand Öl Filter	Datum:	2.05.2016
	Gez:	Marcel
	Mst.:	
	Grösse:	
	Objekt:	Nr. 20001
	Rev:	- -
	Rev:	- -
	Rev:	- -

10.6.2 Öltank mit Filter

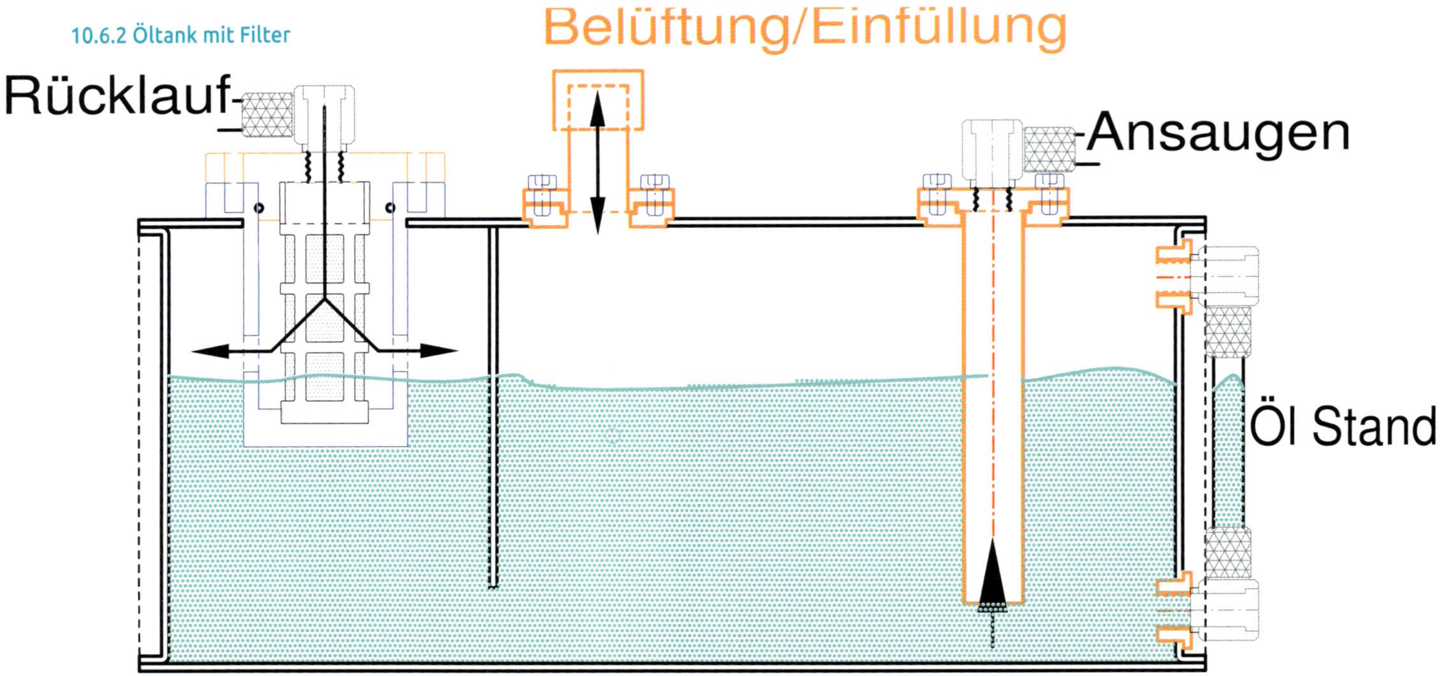

Bauplan 20: Öl-Tank mit Filter

Material		
Gegenstand	Datum:	12.03.2014
	Gez:	Marcel
Standart Öl Tank		

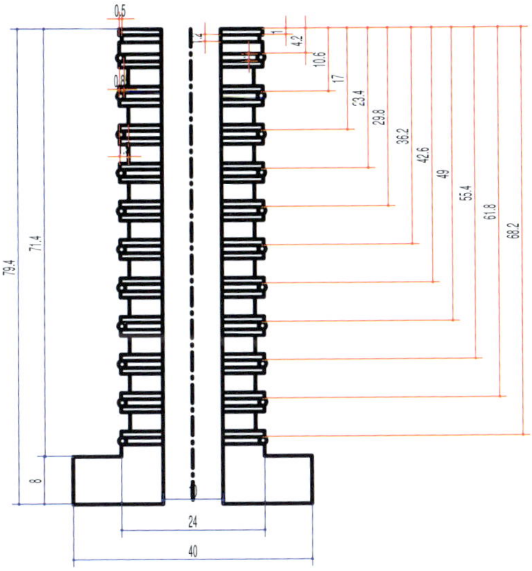

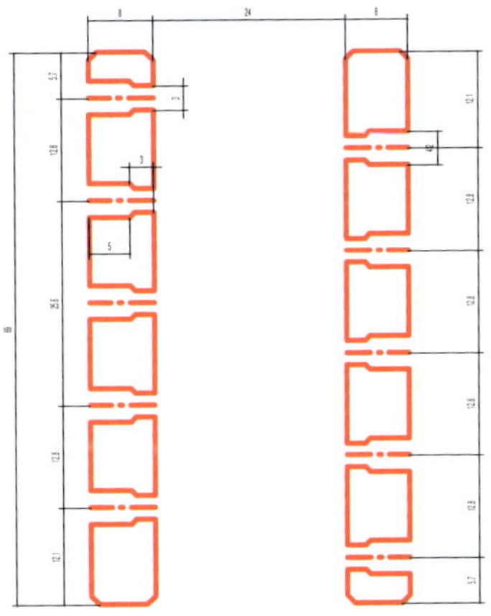

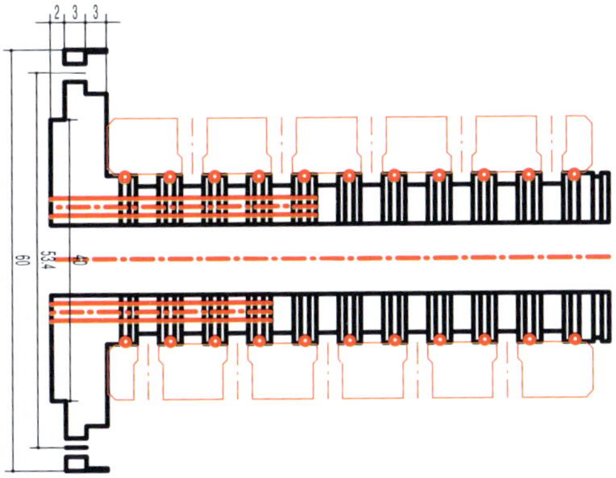

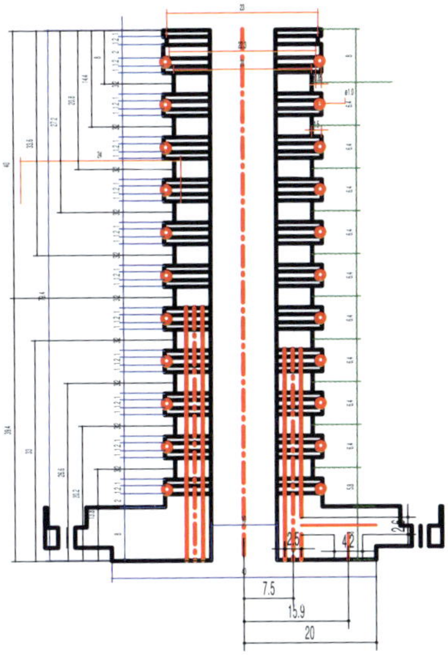

10.7 Bauplan einer Drehdurchführung

10.7.1 Drehdurchführung mit zehn Kanälen

Bauplan 21: Drehdurchführung mit zehn Leitungen

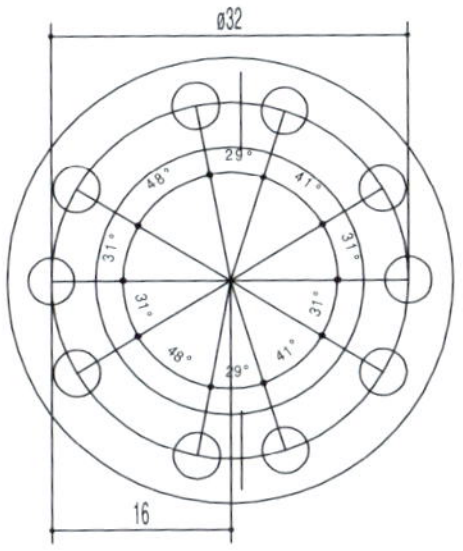

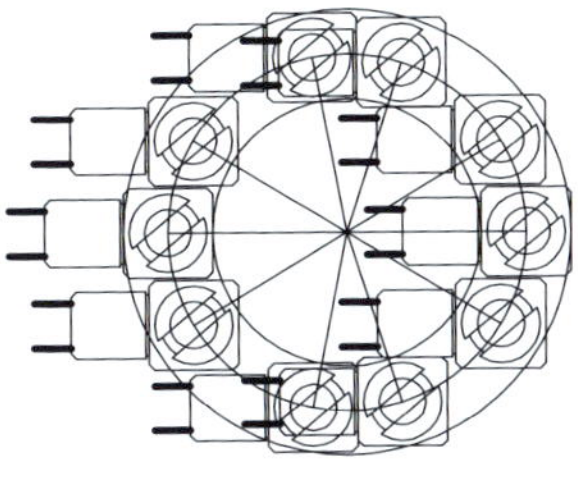

Material	Messing	
Gegenstand	Datum:	12.03.2014
	Gez:	Marcel
Drehdurchführung 10 Leitungen		

11. Zylinderbau

Abbildung 86: Magom HRC Zylinder

Abbildung 87: Hubzylinder Graupner Radlader

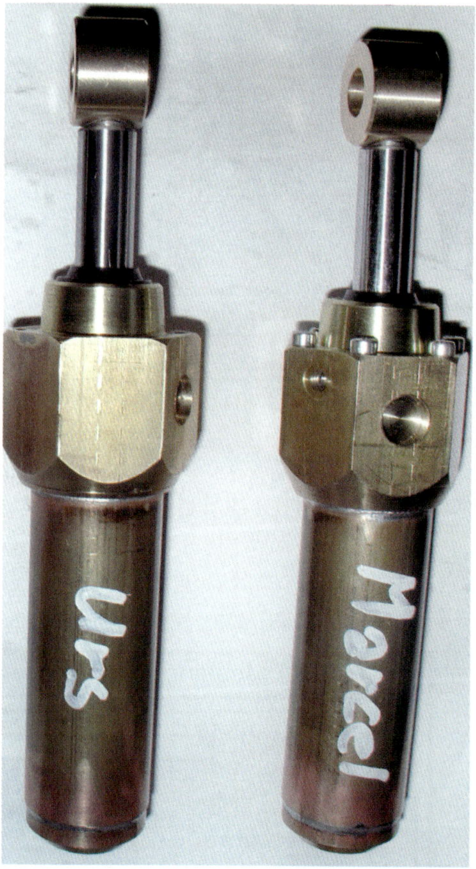

Abbildung 88: Hubzylinder Trax 983b 1:8

Abbildung 89: Kippzylinder Graupner Radlader

Bei den Zylindern wird es schwierig Baupläne zu zeichnen, denn hier ist die Vielfalt fast unendlich. Im Kapitel 7.3 wird beschrieben, wie ein Zylinder in der Theorie gefertigt wird. Anhand dieser Darstellung lässt sich jegliche Art von Zylindern fertigen. Je nach Baumaschinen-Hersteller oder Art der Maschinen, wie Kran oder Bagger, sind sie anders aufgebaut oder müssen andere Belastungen aushalten. Es beginnt ja schon bei den Anschlüssen der Leitungen. Mal per Schlauch, dann wieder mit fester Verrohrung oder sogar in der Zylinderstange geführtes Öl. Auch bei den Verschraubungen gibt es da keine Regel wie einen Standard. Mal verschweißt, geklemmt oder mit Flanschen abgedichtet.

Hier aber mal ein paar Bilder um einen Eindruck zu bekommen, wie ein Zylinder fertig ausschauen kann.

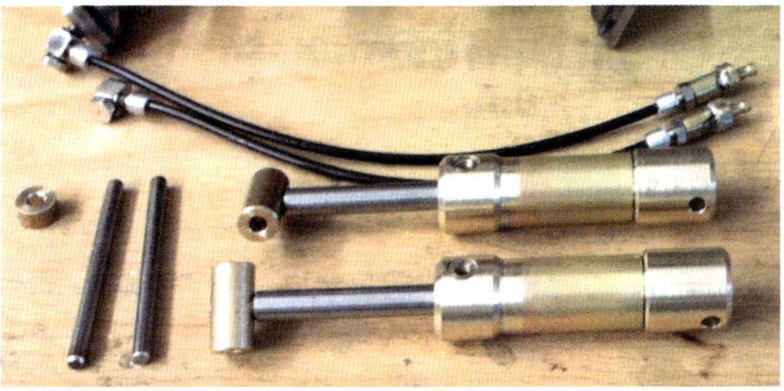

Abbildung 90: Sortiergreifer-Zylinder 1:14

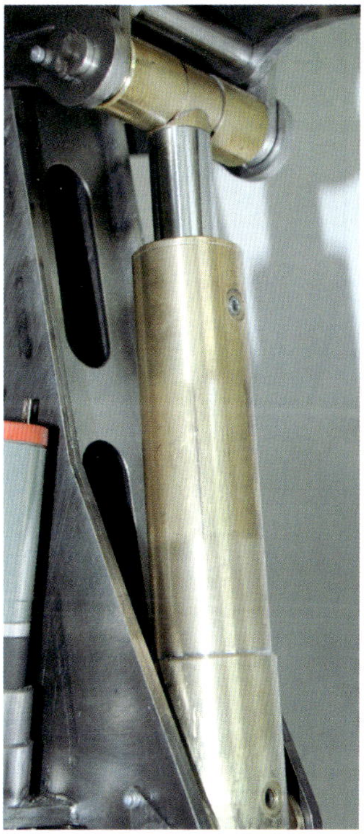

Abbildung 91: Hubzylinder Kran 1:8

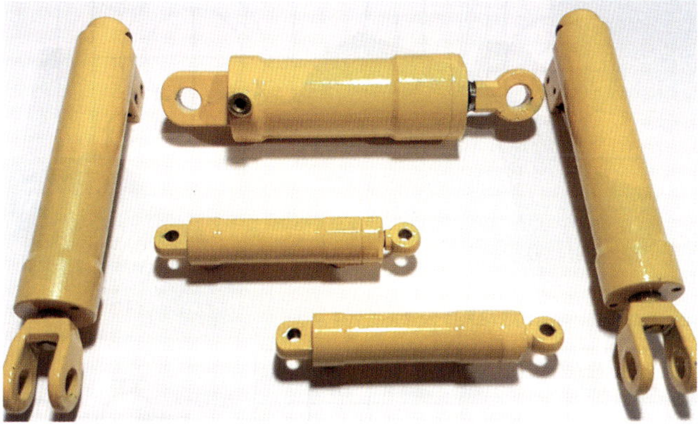

Abbildung 92: Radlader Zylinder Satz 1:14

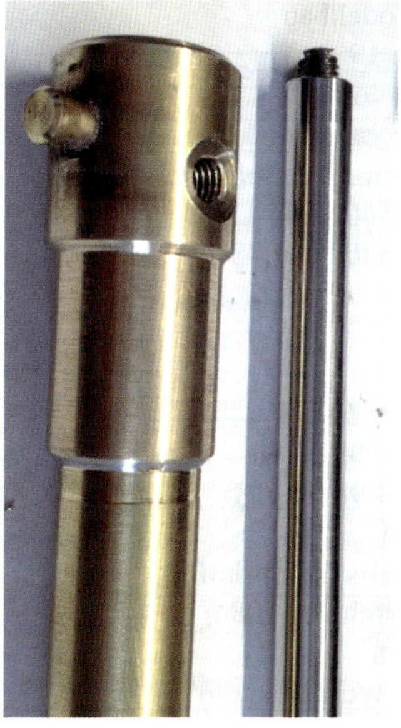

Abbildung 93: Ausstoßzylinder Palfinger Kran 1:8

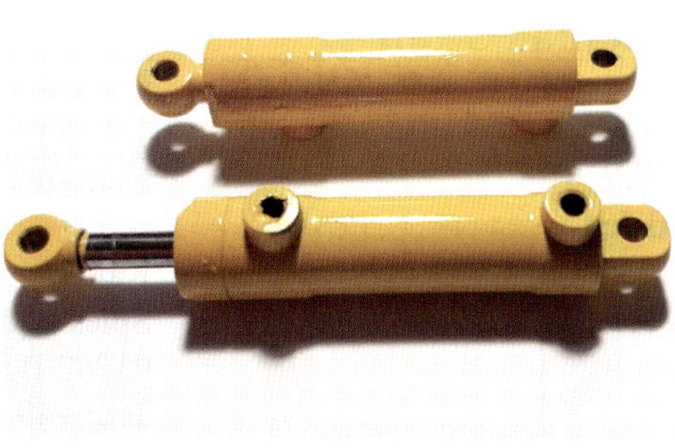

Abbildung 94: Lenkzylinder Graupner Radlader

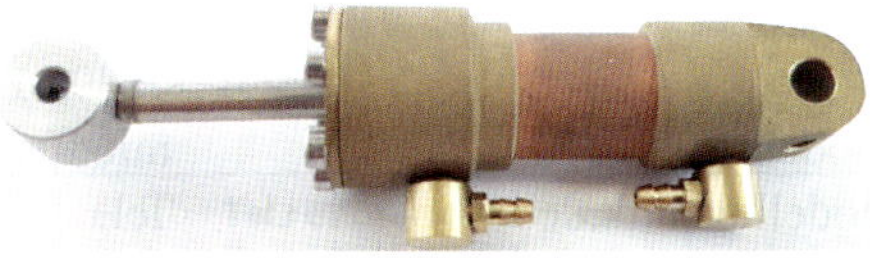

Abbildung 95: Magom HRC Zylinder

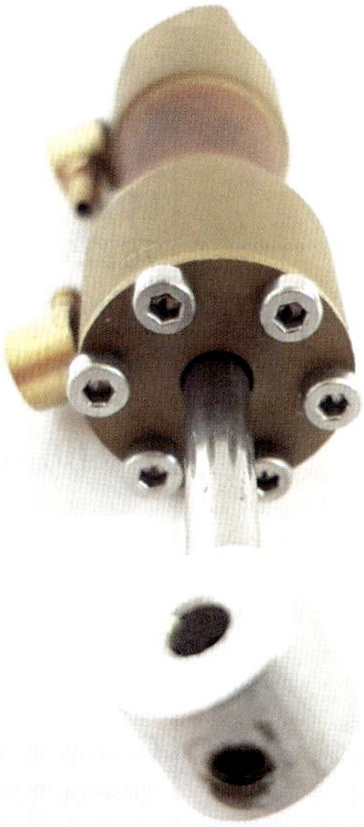

Abbildung 96: Magom HRC Zylinder

12.4 Anschlüsse + Schläuche

SMC Pneumatik GmbH
Boschring 13-15
63329 Egelsbach
info@smc.de
www.smc.de
Tel.: +49 6103 402 0
Fax: +49 6103 402 139

SMC Pneumatik AG
Dorfstrasse 7, Postfach 117
CH-8484 Weisslingen
helpcenter@smc.ch
www.smc.ch
Tel.: +41 (0)52 396 31 31
Fax: +41 (0)52 396 31 91

Bachofen AG
Ackerstrasse 42
CH-8610 Uster
info@bachofen.ch
www.bachofen.ch
Tel.: +41 (0)44 944 11 11
Fax: +41 (0)44 944 12 33

Bachofen AG
J. Renferstrasse 9
CH-2504 Biel/Bienne
www.legris.com
Tel. 041 (0)32 344 10 80
Fax 041 (0)32 344 10 70

12.5 Ventile/Sperrventile

LEE Hydraulische Miniaturkomponenten
GmbH
Am Limespark 2
65843 Sulzbach
info@lee.de
Postfach 1180
65796 Bad Soden
www.lee.de
Tel.: +49 (0)6196 – 77369-0
Fax: +49 (0)6196 – 77369-69

12.6 Hydrauliköl

BUCHER-MOTOREX-Gruppe
Bern-Zürich-Strasse 31
CH-4901 Langenthal
info@motorex.com
www.motorex.com
Tel.: +49 (0)62 919 75 75
Fax: +49 (0)62 919 75 95

13. Anwendung von Modellbauhydraulik (Bilder)

Abbildung 98: Bagger Damitz

Abbildung 99: Abrollkipper 1:8 Nutzlast 75 kg

Abbildung 100: Abrollkipper 1:8 Nutzlast 75 kg

14. Literaturverzeichnis

- Grollis H: Grundlagen der Hydraulik. München Wien Carl Hanser Verlag 2002
- JUNG-FLUIDTECHNIK GMBH (10.01.2017)

CNC-Fräsen und -Drehen im Modellbau

Grundlagen – Praxis – Tipps

Christoph Selig

Der Autor weiht Sie in die Geheimnisse des CNC-Fräsens und – erstmals – des CNC-Drehens ein. Umfassend geht er sowohl auf die Hardware, die Software und auch die Werkzeugmaschinen ein. Dabei sind Grundlagen, vor allem aber die Praxis des Umbaus und des CNC-gesteuerten Fertigens das Thema.

Umfang: 240 Seiten
Abbildungen: 266
ArtNr: 3102256
Preis: 39,90 €

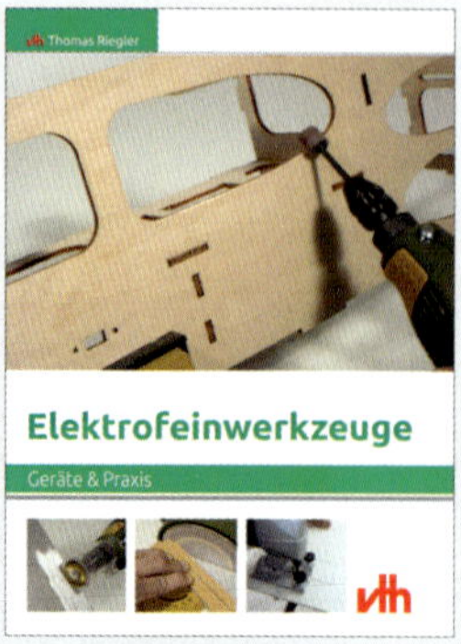

Elektrofeinwerkzeuge

Geräte & Praxis

Thomas Riegler

Ob im Modellbau oder bei anderen feinen Aufgaben – Elektrofeinwerkzeuge machen viele Arbeiten einfacher und manchmal sogar überhaupt erst möglich. Thomas Riegler beschreibt in diesem Buch die verschiedenen Geräte, ihre Besonderheiten und Einsatzzwecke, erklärt die Bedienung und verrät Tipps und Tricks für die praktische Arbeit mit ihnen.

Umfang: 208 Seiten
Abbildungen: 475
ArtNr: 3102263
Preis: 29,80 €

Tipps und Tricks für die Metallwerkstatt

Ideen und Bauvorschläge aus der Praxis

Jörg Burgdorf

Arbeiten mit Metall stellen den Laien häufig vor Probleme. Dabei haben die Profis häufig Tricks und Kniffe, um sich die Arbeit leichter, effektiver und schneller zu machen. Jörg Burgdorf lässt uns in diesem Buch in seine Werkstatt schauen und gibt zahlreiche Tipps aus der Profi-Werkstatt.

Umfang: 64 Seiten
Abbildungen: 61
ArtNr: 3102262
Preis: 14,90 €

CAD - CAM - CNC im Modellbau

Jochen Zimmermann

Der Computer ist heute aus dem Alltag – vor allem aus dem Berufsleben – nicht mehr wegzudenken. So haben computerunterstützte Konstruktionssysteme schon längst Zeichenbrett und Tintenstift abgelöst. Was im professionellen Bereich eingesetzt wird, findet natürlich zwangsläufig auch sehr schnell den Weg in den Modellbau.

Umfang: 240 Seiten
Abbildungen: über 700
ArtNr: 3102270
Preis: 34,90 €

GRUNDLAGENWISSEN DREHEN & FRÄSEN

Drehen für Modellbauer

Band 1: Das ABC des Hobbydrehers

Jürgen Eichardt

In Band 1 geht es um Anforderungen an Tischdrehmaschinen, die Pflege und Verbesserung der Arbeitsgeräte, die Werkzeuge und das Material. Außerdem werden die üblichen Arbeitsweisen näher beschrieben.

Umfang: 192 Seiten
ArtNr: 3102113
Preis 34,90 €

Drehen für Modellbauer

Band 2: Besondere Aufgaben und Technologien

Jürgen Eichardt

In Band 2 erläutert Jürgen Eichardt die etwas schwierigeren Operationen und zeigt ungewöhnliche Hilfsmittel: Rändeln und Kordieren, Gewindeschneiden und Formdrehen, und vieles mehr.

Umfang: 144 Seiten
ArtNr: 3102114
Preis: 32,90 €

Fräsen für Modellbauer

Band 1: Maschinen, Werkzeuge und Materialien

Jürgen Eichardt

In Band 1 erfahren Sie, worauf man beim Kauf einer Fräsmaschine achten muss, wie die Maschine gepflegt wird, und wie wir sie mit einer Vielzahl von selbst gebauten Verbesserungen und nützlichen Zubehörteilen versehen können.

Umfang: 172 Seiten
ArtNr: 3102117
Preis 24,90 €

Fräsen für Modellbauer

Band 2: Frästechniken, Messen & Sonderanwendungen

Jürgen Eichardt

Hier erfährt man, wie die verschiedenen Fräswerkzeuge arbeiten und wie man sie richtig einsetzt. Einfache Fräsbearbeitungen werden ebenso gründlich besprochen wie vermeintlich schwierige Anwendungen.

Umfang: 172 Seiten
ArtNr: 3102118
Preis: 24,90 €

3D-Druck-Praxis

Alles für den Start

Oliver Bothmann

Der 3D-Druck ist eine der Techniken der Zukunft – dieses Buch macht Sie fit für seine Anwendung! Der Autor zeigt, wie 3D-Druck daheim funktioniert, was Sie dafür benötigen und wie Sie erfolgreich zu Ihrem ersten 3D-Druck kommen.

Umfang: 176 Seiten
Abbildungen: 246
ArtNr: 3102245
Preis: 24,80 €

Antriebsmodelle

für Dampfmaschinen und Heißluftmotoren

Volker Koch

Viele Modellbauer – gerade auch Einsteiger – fragen sich, wenn das erste Dampfmaschinen- oder Heißluftmotormodell fertiggestellt ist und funktioniert: und nun? Solche Maschinen waren im Original ja dazu gedacht Arbeit zu verrichten und maschinelle Tätigkeiten zu ermöglichen. Schon früh kamen die Anbieter von Spielzeugdampfmaschinen daher auf die Idee, Antriebsmodelle herzustellen, bei denen die Maschinen ihre Kraft sinnvoll abgeben konnten.

Umfang: 160 Seiten
ArtNr: 3102295
Preis: 29,90 €

Dampfbetriebene Werkstätten als Modell

Antriebsmaschinen – Transmissionen – Betriebsmodelle

Volker Koch

Die Nutzung von Dampfmaschinen für den Antrieb von Werkzeugmaschinen war der Grundstein der ersten industriellen Revolution. Viele Fragen zum Aufbau und dem Betrieb von dampfbetriebenen Modellwerkstätten beantwortet Volker Koch in seinem umfangreich bebilderten Buch, welches ein faszinierendes Stück Technikgeschichte wiederauferstehen lässt.

Umfang: ca. 256 Seiten
Zahlreiche Abbildungen
ArtNr: 3102296
Preis: 34,90 €

50 Kniffe für die Werkstatt

Tipps und Tricks für den Modellbauer

Kurt Becker

Wer sich dem technischen Modellbau verschrieben hat, ohne eine technische Ausbildung gemacht zu haben, der muss sich so manchen Trick der Fachleute mühsam aneignen. In diesem Buch zeigt Kurt Becker 50 – eigentlich sogar ein paar mehr – Kniffe, mit denen die Metallbearbeitung im Modellbau einfacher und besser gelingt. Seine praxiserprobten Tipps und Tricks sind manchmal erstaunlich simpel – aber man muss halt drauf kommen! Und sie ermöglichen dem Modellbauer eine noch genauere Arbeit, um zu besseren Ergebnissen zu kommen.

Umfang: 88 Seiten
ArtNr: 3102289
Preis: 19,90 €

Hobbyelektronik mit SMD-Technik

Grundlagen und Praxis

Thorsten Feuchter

Den Hobbyelektroniker, der selbst seine Schaltungen aufbauen möchte oder defekte Platinen reparieren will, stellen diese zum Teil winzigen Bauteile mit ihrer ganz speziellen Verarbeitung vor Schwierigkeiten. Abhilfe bei der Furcht vor der Verwendung von SMD-Bauteilen in der Hobbyelektronik schafft dieses Buch. Thorsten Feuchter beschreibt die Besonderheiten dieser Technik, gibt Tipps zur Verarbeitung und zur Reparatur beschädigter SMD-Schaltungen.

Umfang: 72 Seiten
Abbildungen: 83
ArtNr: 3102264
Preis: 19,80 €

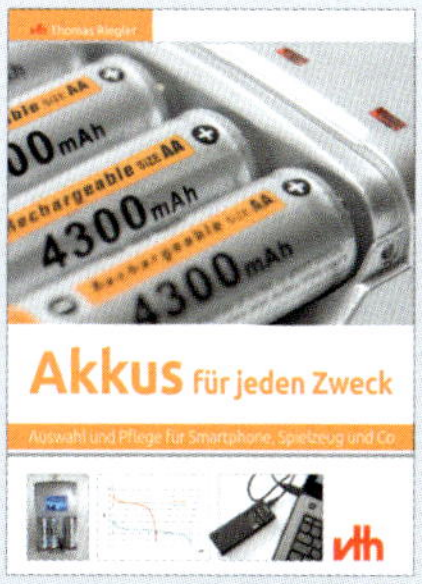

Akkus für jeden Zweck

Auswahl und Pflege für Smartphone, Spielzeug und Co

Thomas Riegler

Unsere Welt ist auf Akku! Immer mehr Geräte, die wir täglich benutzen – seien es Smartphones über Laptops, Werkzeuge bis hin zum Elektro-Fahrrad und Auto – basieren auf netzunabhängiger Energie. Doch welchen Akku verwendet man für welchen Zweck? Dieses und noch viel mehr erklärt Thomas Riegler in diesem Buch und macht Sie so zum echten Akkuspezialisten!

Umfang: 192 Seiten
ArtNr: 3102283
Preis: 29,90 €

Kunststoffe für Modellbauer

Alex Weiss

Kunststoffe gibt es in den vielfältigsten Formen, mit unterschiedlichsten Eigenschaften und für zahlreiche Anwendungen. Der Autor Alex Weiss sorgt mit diesem Fachbuch für den notwendigen Überblick, um Kunststoffe richtig einzusetzen und zu verarbeiten. Besprochen werden Kunststoffe wie ABS, Polystyrol, PVC, Polyethylen, Polyester, Epoxyd, Polyurethan, Acryl, Silikon und viele mehr.

Umfang: 160 Seiten
Abbildungen: 233
ArtNr: 3102169
Preis: 22,00 €

Das große Lötbuch

Löten in der Praxis von A bis Z

Thomas Riegler

Das richtige Löten ist aus der Elektronik nicht wegzudenken. Thomas Riegler beschreibt in diesem Buch die verschiedenen Löttechniken, gibt Tipps, welches Gerät für welchen Einsatz das richtige ist und vermittelt anschaulich die Praxis des Lötens. Umfassend wird dabei auch auf die Besonderheiten des bleifreien Lötens eingegangen und der Aufbau einer Schaltung beschrieben.

Umfang: 208 Seiten
Abbildungen: 288
ArtNr: 3102254
Preis: 34,90 €

Materialien für den Modellbau

Alex Weiss

Dieses Buch beschreibt die vielen unterschiedlichen Materialien, die vom Funktionsmodellbauer in seiner Werkstatt verwendet werden. So unter anderem Eisen und Stahl, Nichteisen-Metalle wie Aluminium, Messing und Kupfer, Hart- und Weichhölzer sowie eine Anzahl von Kunststoffen – bearbeitbare und andere. Ein Buch, das in jede Modellbauerwerkstatt gehört!

Umfang: 160 Seiten
Abbildungen: 104
ArtNr: 3102142
Preis: 15,00 €